Christoph Jung

Menschwerdung

Die verkannten Leistungen der Tiere

und die Dankbarkeit, die wir Hunden, Katzen, Pferden schulden.

Mit einem Geleitwort von
Prof. Dr. Wolfgang M. Schleidt

Der Autor:

Christoph Jung, Jahrgang 1955, Diplom-Psychologe. Studierte Biologie, Philosophie und Psychologie in Bonn und Regensburg u.a. bei Reinhold Bergler, dem Begründer der deutschen Heimtierforschung. Angestoßen durch eigene schmerzvolle Erfahrungen mit Bulldog Willi beschäftigt er sich seit Jahren kritisch mit dem Zuchtgeschehen bei Hunden. Hieraus entstand das „Schwarzbuch Hund". Zahlreiche Auftritte im TV und anderen Medien zum Thema. Darüber hinaus erforscht er das Verhältnis von Mensch und Tier mit Schwerpunkt auf dem Hund. Jung ist Autor zahlreicher wissenschaftlicher Fachartikel und Bücher wie „Tierisch beste Freunde - Von Streicheln, Stress und Oxytocin". Jung hält regelmäßig Vorträge auf internationalen wissenschaftlichen Kongressen.

Edition Petwatch

Herstellung und Verlag: BoD - Books on Demand, Norderstedt
ISBN: 9783753405339

„Viele Theorien versuchen zu erklären, wie aus dem mittelgroßen Primaten der Herrscher der Welt werden konnte. Die Fähigkeit Feuer zu machen, die Entwicklung der Sprache, die Erfindung des Ackerbaus sind drei hervorragende Merkmale. Ich möchte ein viertes hinzufügen: Die Verwandlung des Wolfs zum allseitigen Helfer und Begleiter, dem Hund. Wir verdanken dem Hund unser Überleben. Und er uns seines."

Brian Sykes
Professor für Humangenetik an der Universität Oxford
Autor des Bestsellers *„Die sieben Töchter Evas"*

Inhalt

Der Wolf ist der einzige Vorfahre unserer Hunde. Er lebt heute mitten unter uns. Er ist unser bester Freund geworden. Nicht selten schläft er mit im Bett. Als zahmer Hund oder wilder Wolf hat er eine besondere Faszination. Das hat Tradition. Eine der ältesten Traditionen der Menschheit. Nicht ohne Grund.

Wir kamen als Einwanderer ins heutige Europa. Kein menschenleeres Land. Der Neandertaler lebte hier bereits seit 100.000 Jahren. Er war bestens angepasst. Was lernten wir vom Wolf und wie gelang es unseren Vorfahren, zum mächtigsten Akteur auf diesem Erdball aufzusteigen.

Das erste große Bündnis der Geschichte schlossen nicht Menschen untereinander. Es war das Bündnis zweier konkurrierender Spezies, das von Mensch und Wolf. Es war das wichtigste Bündnis der Evolution. Eines von ungeahnter, wegweisender Bedeutung.

Vor gut 10.000 Jahren begann die Epoche von Ackerbau und Viehzucht. Eine Zäsur, die Grundlage unserer Zivilisation. Hunde, Feste und Bier spielten dabei eine entscheidende, bisher völlig verkannte Rolle.

Die schönsten Vorräte nutzen nichts, wenn sie Mäusen zum Opfer fallen. Zum Hund gesellte sich vor mehr als 10.000 Jahren eine weitere Helferin der Menschheit. Eine, deren grundlegende Bedeutung heute ebenfalls verkannt wird: Eine Hommage an die Katze.

Vor 5.500 Jahren begriffen wir Menschen, dass Pferde viel Wichtigeres zu bieten hatten als Fleisch und Milch. Ihre Kraft, ihre Intelligenz und ihre Bereitschaft, sich auf uns einzulassen. Das eröffnete eine neue Dimension in der Evolution des Menschen.

Es ist kein Zufall, dass Pferdestärke die physikalische Einheit für Leistung wurde. Der Übergang von der Stein- zur Eisenzeit, das Aufblühen der Mechanik wäre uns Menschen alleine, ohne die Hilfe des Pferdes, des Ponys des Ochsen, des Esel, unmöglich gewesen.

Per Pferd und Rind wurde bis vor 150 Jahren fast die gesamte Infrastruktur abgewickelt. Diese Vierbeiner schenkten uns neue Dimensionen von Mobilität und Kommunikation. Sie stellen über tausende Jahre hinweg die Basis unserer Vernetzung und damit unserer Zivilisation.

Hundeschlitten sind ein hoch entwickeltes Transportmittel. Zugleich das älteste der Menschheit. Für das Leben in Schnee und Eis unverzichtbar. Der Mensch konnte weite Teile der Erde erst mit Hilfe der Hunde erschließen. Als Team auf sechs und noch viel mehr Beinen.

Alle modernen Gesellschaften bauen auf privatem Besitz. Der macht nur Sinn, wenn dieser bewacht und beschützt werden kann. Das besorgen Hunde - zuverlässig und preiswert.

Waren die ersten Hunde Schmarotzer, die sich an den Abfällen der Menschen gut taten? Oder sind sie Gefährten, die seit der Steinzeit mit uns durch dick und dünn gehen? Die Antwort geben unsere Hunde selbst. Wir müssen nur etwas genauer hinschauen.

Wie sind eigentlich die vielen Hunderassen entstanden? Nur ein neumodische Laune, um unsere Bedürfnisse nach Typen wie Yorkie, Bully, Schäferhund zu bedienen? Ich werde zeigen, wie Rassen aus der Zusammenarbeit mit Menschen entstanden sind. Das Geschenk einer Working-together-culture.

Unsere herausragende Fähigkeit ist Kommunikation und Kooperation über die Grenzen des persönlichen Umfeldes hinaus. Ich werde zeigen, dass diese Fähigkeit des modernen Menschen erst mit der Hilfe des Hundes geformt wurde. Sie werden besser verstehen können, warum uns diese Beziehung immer noch so tief berührt.

Liebe ist das größte aller Gefühle. Gegenüber Tieren immer noch ein Tabu. Die Wissenschaft bestätigt tiefe Gefühle - auf beiden Seiten. Und unsere Vorfahren handelten sogar danach. Wir wissen: Sie beerdigten Hunde, Katzen, Pferde wie Familienmitglieder. Aus Liebe?

Wir machten aus Wölfen Hunde. Tiere, vornedran Hunde, machten uns zum modernen Menschen. Kurz: Warum wir ohne die Hilfe der Tiere noch immer in der Steinzeit leben würden.

Durch Ignoranz und Arroganz gegenüber der Natur schneiden wir uns auf Dauer alle Lebensadern ab. Wir müssen die Natur nicht retten. Sie kommt ohne uns bestens zurecht. Wir können lediglich uns selbst retten.

Wir Menschen haben zwei Seelen in unserer Brust. Welche dieser Seelen wird sich durchsetzen? Eine Überlebensfrage. Ich werde zeigen, wie uns Tiere dabei helfen, unsere kooperative Seite zu stärken.

Wir dünken uns als die alleinigen Helden der Geschichte. Die wirklich großen, ja entscheidenden Leistungen der Hunde, Pferde, Katzen werden ignoriert. Es täte uns nur gut, sie anzuerkennen. Wir haben eine gemeinsame Vergangenheit und nur eine Zukunft: Gemeinsam!

Geleitwort von Wolfgang Schleidt

Mit der Natur auf Augenhöhe?
Vielleicht doch, mit verschämten Blick?
Die Menschheit als gigantische Naturkatastrophe?
Können wir von den Wölfen, von den Hunden lernen?

Leider müssen wir den göttliche Befehl,
"Macht Euch die Erde untertan"
die biblische Grundlage unserer „westlichen Ethik", in Frage stellen.

Im Wortlaut: vnd füllet die Erden / vnd macht sie euch vnterthan. Vnd
herrschet vber Fisch im Meer / vnd vber Vogel vnter dem Himel / vnd
vber alles Thier das auff Erden kreucht (1. Mose 1,28).

Vnd Gott sahe an alles was er gemacht hatte / Vnd sihe da / es war seer
gut (1. Mose 1,31).

Das war so um 2 500 vor unserer Zeitrechnung.
Heute sehen wir, dass das so nicht weiter gehen kann. Der Urwald
brennt, weil die Menschheit mehr Nahrung, mehr Ölpalmenplantagen,
mehr Sojafelder braucht.

Stephen Hawking predigt: diese Erde ist nicht zu retten, wir müssen
auf einen anderen Planeten auswandern, den verwüsten, und so
schrittweise das ganze Weltall in unsere Naturkatastrophe hinein-
ziehen.
„Macht euch das Weltall untertan".

Gibt es noch eine Alternative, eine Rettung?
Das atomare Wettrüsten schien unaufhaltsam zu sein, bis jemand
feststellte, dass wir – die Menschheit – einschließlich der mächtigen

Machthaber, ihrer Generäle und Berater in den Think-Tanks, den globale Atomkrieg nicht überleben können.
Plötzlich war es möglich, den Wahnsinn einzubremsen.

Vielleicht gelingt es den mächtigen Machthaber, ihren Generäle und Beraten in den Think-Tanks, einzusehen, dass es nicht genügt, den Fortschritt einzubremsen, sondern dass wir umdenken müssen, zurückbauen.

Konrad Lorenz: „Das Zwischenglied zwischen den Menschenaffen und dem zivilisierten Menschen sind wir". Wir müssen unserem biologischen Namen: Homo sapiens gerecht werden.

Während der letzten Eiszeit war die Menschheit noch Teil der Natur, ein winziger Teil der damaligen Natur. Zahlenmäßig gab es viel mehr Wölfe als Menschen, und die Menschheit in Afrika, im Neandertal, in der Mongolei, im Fernen Osten, war eine Randerscheinung. Vom Denisova-Menschen haben wir ein Zehenglied und ein Stück Kiefer, von zwei andere Menschenarten, die damals im Fernen Osten gelebt hatten haben wir nur die Spuren im Genom der heutigen Bewohner. Die Menschen waren eine winzige, biologisch unbedeutende Rand-erscheinung. Beinahe wäre sie ausgestorben, wie die vielen anderen Menschenarten, die es nicht geschafft haben, unsere Vorfahren zu werden.

Aber die Menschen hatten, verglichen mit den überaus erfolgreichen Wölfen, einen besseren Überblick und konnten den Wölfen helfen, bessere Hirten der unermesslichen Huftierherden der Eiszeit zu sein. Aus dieser Zusammenarbeit entwickelte sich unsere heutige Zivili-sation: Der Mensch als biologischer Allesfresser, der so tut, als wäre er ein fleischfressendes Raubtier, der sich seine schnelle Energie aus Kohlehydraten holen kann, und den Wolf zum Hund gemacht hat, als sein treuer Helfer bei der luxuriösen Jagd, den er mit Hundebrot abspeisen kann.

Aber dieser Tage gibt es kaum noch Hunde, die dem allmächtigen Jäger als treuer Helfer dienen. In der einsamen Masse der westlichen Zivilisation sind Hunde zu unentbehrlichen Freunden geworden, und plötzlich können wir *„dem Tier"* auf Augenhöhe begegnen. In der überfüllten, einsamen Stadt wird ein Hund, *„DER Hund"*, zur Natur, die wir verloren haben.

Luther-Bibel 1545
Biblia, das ist, die gantze Heilige Schrifft Deudsch (1545)
Erste vollständige Gesamtausgabe der Bibel: Biblia, das ist, die gantze Heilige Schrifft Deudsch. Wittemberg (Hans Lufft) 1534.

Prof. Dr. Wolfgang M. Schleidt, Wien

Langjähriger Mitarbeiter von Konrad Lorenz, Mitbegründer der Verhaltensforschung und Nobelpreisträger. Schleidt gründete das Max-Planck-Institut für Verhaltensphysiologie in Seewiesen.

Wikipedia notiert: "*Schleidts Kritik der vorherrschenden Theorie betreffend die Domestikation der Hunde und sein Hinweis auf die Möglichkeit einer Koevolution von Menschen und Wölfen fand 2003 ein erstaunlich weites Echo.*"

Prolog - Wir waren es nicht alleine

Etwa 15 Millionen Hunde, Katzen, Pferde leben mitten unter uns. Manche als absolute Leistungsträger. Blindenführhunde zum Beispiel oder Rückpferde im naturnahen Forst. Die allermeisten jedoch als Heimtier. Deren wichtigste, oft einzige Aufgabe ist, unsere Seele zu streicheln. Die Nähe zu Tieren tut uns gut. Und wenn wir unseren Hund oder unsere Katze streicheln, spielen die Hormone verrückt - wissenschaftlich bestätigt. Bei Mensch wie nicht-menschlichem Tier werden dieselben Gefühle geweckt. Es ist wie wenn wir einen geliebten Menschen streicheln. Ja, es lässt sich sogar vergleichen mit dem Tanz der Hormone, wenn eine Mutter auf ihr Baby schaut. Kaum zu toppen, die Intensität solcher schönen Emotionen.

Woher kommt es, dass uns Vierbeiner so nahe stehen können? Lebewesen, deren Entwicklungslinien bereits vor zig Millionen Jahren von unsren getrennt wurden. Wir haben Hände und Füße, sie Hufe und Pfoten. Trotzdem kann sich eine Bindung entwickeln, die manche Menschen gar als Liebe empfinden. Einbildung, schlicht Suche nach Geborgenheit, die man unter Menschen nicht mehr findet, gar Ausdruck westlicher Dekadenz?

In den Jahren meines Einsatzes für eine Wende in der Hundezucht habe ich zwiespältige Erfahrungen gemacht. Es ist längst nicht so, dass alle Katzen- und Hundefreunde gegen Qualzucht und Puppy Mills aufbegehren. Der Marktanteil des Hundehandels und von Qualzucht betroffener Rassen hat sogar zugenommen. Trotz allgegenwärtiger Warnungen im Netz. So könnte der Eindruck entstehen: Das Wohl unserer Freunde ist nur ein Lippenbekenntnis. Oberflächlich gesehen; denn - und das ist das eigentlich Spannende: Die Liebe zum eigenen Hund, zur eigenen Katze ist ebenso real. Woher dieser Zwiespalt? Bei Menschen, die sich aktiv für Tiere in Not engagieren, beobachte ich zugleich eine Sicht auf unsere Freunde einzig als Opfer, als Objekte von Mitleid. So gut es auch gemeint sein mag.

In diesem Buch will ich Argumente liefern, mit denen es uns leichter fallen wird, eine sichere Bindung als Partner und Gefährte zu entwickeln. Ich werde Argumente liefern, dass der Respekt, die Achtung vor den großartigen Leistungen, vor den unverzichtbaren Fähigkeiten der Tiere - vornedran Hund, Katze, Pferd - im Mittelpunkt stehen wird. Schon an solchem Wissen mangelt es fundamental. So kommt es, dass wir unser Haustier auf den geliebten Begleiter reduzieren, es vielleicht sogar als im Grunde überflüssig, lediglich sinnerhaltend in seiner Rolle als Seelenstreichler oder Opfer definieren. Objektiv erheben wir uns damit über das nicht-menschliche Tier, gleich ob als Samariter oder als Sinnreduzierer. Wir tun damit unseren Freunden noch uns selber einen Gefallen.

Als ich vor ein paar Jahren zusammen mit der Neurologin, Psychiaterin und Hundekennerin Daniela Pörtl das Buch "*Tierisch beste Freunde: Mensch und Hund - von Stress, Streicheln und Oxytocin*" schrieb, sagte mir der Verleger, Arzt und Psychotherapeut Dr. Wulf Bertram nach dem Studium des Manuskriptes, dass er jetzt seinen Labrador Retriever mit ganz anderen Augen sehen würde: Mit Respekt und Achtung vor den großen Leistungen, zu denen seine Spezies imstande ist. Für mich war es das größte denkbare Lob.

Ich möchte mit diesem Buch noch einen Schritt weitergehen. Ich werde mal soeben unsere Geschichte neu schreiben. Klar, nicht die übliche Geschichte männlicher Helden, wie sie noch vor weniger als hundert Jahren üblich war. Wir haben in den letzten Jahrzehnten der Emanzipation aus männlich-weißer Dominanz lediglich Fortschritte, wenn überhaupt, im Rahmen unserer eigenen Selbstherrlichkeit gemacht. Das so genannte Narrativ lautet immer noch: Allein wir Menschen haben Geschichte geschrieben. Bestenfalls mit einem Helfer, im Auftrag des Allmächtigen. Ich werde zeigen, dass so eine Sicht nur altes, arrogantes Denken darstellte und neu hervorbringt. Dass wir mit Faustkeilen in kleinen Familienverbänden heute noch auf dem Niveau der Altsteinzeit verharren würden - ohne die Hilfe unsere nicht-menschlichen Helfer.

Das trifft hart ins Mark unseres Selbstverständnisses. Sorry. Wir sind eben nicht die alleinigen Helden unserer hochgelobten Errungenschaften. Selbst wenn E-Auto, Windräder und Veganismus dazu genommen werden. Nicht mal das, was wir gemeinhin als *„Zivilisation"* auf die Beine gebracht haben, steht auf nur zweien. Neben den Göttern waren es ganz bescheidene Kreaturen, solche, die wir uns laut Bibel untertan zu machen hatten. Ebensolche waren nicht nur hilfreich, vielmehr spielentscheidend. Ich bringe Argumente, die nicht kompatibel zum etablierten Denken und Handeln gleich ob Grün, FFF oder Querdenker oder „christlich" oder „sozialistisch".

Von dem Umdenken, das ich hier anrege, im tiefsten Inneren einfordere, werden wir nur profitieren können. Nicht wir retten die Natur. Die Natur braucht uns nicht einmal. Ganz im Gegenteil, kommt sie ganz gut ohne uns zurecht. Das hat sie Milliarden Jahre auf einer Erde ohne die Spezies Homo sapiens bewiesen. Wir sind nur eine kleine Anekdote, nicht mal ein Windhauch im Lebenszyklus nur dieses einen Planeten. Gegenüber dem ist unser Aufblasen als Retter der Natur geradezu lächerlich. Und spätestens 10.000 Jahre nach dem Aussterben unserer Spezies wird die Natur erneut beweisen, dass wir vollkommen entbehrlich sind. Keine einzige Kreatur auf diesem Planeten (und auch kein Gott) würde uns auch nur eine Träne nachweinen.

1 Bruder Wolf

Der Wolf ist der einzige Vorfahre unserer Hunde. Er lebt heute mitten unter uns. Er ist unser bester Freund geworden. Nicht selten schläft er mit im Bett. Als zahmer Hund oder wilder Wolf hat er eine besondere Faszination. Das hat Tradition. Eine der ältesten Traditionen der Menschheit. Nicht ohne Grund.

Als Bruder und Lehrmeister sahen die Indianer Nordamerikas den Wolf. Das berichtet George Catlin von seinem Leben mit den Stämmen der Indianer in den Great Plains zwischen 1832 und 1839. Catlin erzählt von einer hohen Wertschätzung des Hundes, der bei allen indianischen Stämmen höher angesetzt werde als in der *„zivilisierten Welt"*. Die Indianer jagten zusammen mit ihren Hunden, berichtet Catlin, seien gleichberechtigte Partner bei der Jagd, würden das Bett teilen *„und auf ihren Wappen schnitzten sie sein Bild der Treue"*. Was Catlin beobachtete ist kein Sonderfall unter Völkern, die eng verbunden mit der Natur leben.

Eine Geschichte tiefer Verbundenheit

180 Jahre später und tausende Kilometer nordwestlich der Great Plains besuchen wir das Volk der Nenzen, oft *„Samojeden"* genannt. Sie sind noch heute Nomaden und ziehen im Norden Sibiriens mit ihren Rentierherden den sprießenden Gräsern hinterher. Immer dabei sind ihre Hunde. Die kennen wir in ihrer Rassezuchtvariante als schneeweiße *„Samojeden"*. Diese Nordischen Spitze helfen beim Treiben der Herden, beim Beschützen der Jurten, der Menschen wie der Tiere. Sie helfen bei der Jagd. Die Nenzen berichten, dass ihre Hunde

Eisbären unter Einsatz des eigenen Lebens verjagen. Man spürt, sie sind stolz auf ihre Gefährten. Sie ziehen die Schlitten und gelten als zuverlässiges Navi wenn plötzlich dichter Nebel aufkommt. Dieses Natur-Navi funktioniert noch bei -40° wo technisches Gerät längst ausgestiegen ist, Akkus platt sind. Selbst Gletscherspalten erkennt die canide Navi rechtzeitig und warnt, ja verweigert automatisch die Weiterfahrt in den sicheren Tod.

Die Hunde haben soziale Kompetenz. Sie sind die Spielgefährten der Kinder und schlafen nachts in den Zelten. Ja, sie dürfen sogar mit ins Bett, unter die Felle schlüpfen. Dort machen sie sich als mollige Wärmeflasche nützlich. Es tut der Seele gut in den einsamen Nächten Sibiriens einen treuen Gefährten an der Seite zu spüren. Aber, und das soll nicht verschwiegen werden, in absoluten Notzeiten dienen die Vierbeiner den Nenzen als Nahrungsreserve. Sie sichern das Überleben der Gemeinschaft. Trotzdem oder gerade deshalb genießen die Hunde ein extrem hohes Ansehen. Sie gelten als Familienmitglieder. Sie werden niemals verkauft. Sie werden hie und da als wertvolles Geschenk an besonders geschätzte Freunde weitergegeben. Die Nenzen wissen sehr wohl, wie intensiv Geschichte und Leben ihres Volkes von der Kooperation mit den Hunden abhängen.

Dingos machten Menschen

Bei den Indianern der Great Plains entlang der Rocky Mountains, bei den Nenzen im Nordwesten Sibiriens, wie bei praktisch allen Naturvölkern der nördlichen Hemisphäre, eben des Lebensraumes unserer Wölfe, finden wir eine Haltung voller Respekt und Achtung ihnen gegenüber. Das gilt für die wilde wie für die domestizierte Form des Canis lupus, unseren Hund, den Canis lupus familiaris. Raymond Pierotti und Brandy R. Fogg von der University of Kansas sind dieser Fragestellung wissenschaftlich nachgegangen. In ihrem Buch "*The First Domestication. How Wolves and Humans Coevolved*" dokumentieren sie das enge, zutiefst von Respekt getragene Verhältnis der „Naturvölker" zu Wölfen und Hunden. Sie spannen einen Bogen von den Ainu im Norden Japans, den Jägern am Yangtse Chinas oder den verschiedenen Stämmen der Indianer. Die Quanrong, ein Volk nomadisierender Hirten aus der Mongolei, berichten in ihrer Geschichte von zwei Hunden als Ahnen ihres Volkes.

Selbst in den Überlieferungen der Aborigines Australiens sind sie fest verankert. Obwohl, Wölfe gab es in Australien nie. Mit den ersten menschlichen Migranten kamen jedoch die Dingos. Nach neuesten Erkenntnissen war das bereits vor mehr als 20.000 Jahren. Dingos sind die australischen Ur-Hunde. Mit der Zerstörung der traditionellen Lebensweise der australischen Ureinwohner durch die Kolonialisierung, haben auch deren Hunde ihre Lebensweise ändern müssen. So sind die meisten Dingos heute verwildert. Sie bestehlen Touristen auf Fraser-Island und erbeuten zuweilen ein Schaf der Farmer im Outback. Die Aborigines lebten jedoch über Jahrtausende ganz eng mit ihren Dingos zusammen. Sie jagten zusammen, wachten und auch die Dingos wärmten ihre Menschen in den kalten Nächten um den Ayers Rock. In ihrer Überlieferung erzählen die Aborigines, der „Dingo habe sie zu Menschen gemacht".

Ein Sprung zum Hochgebirge des Himalaya: Noch heute feiern die Menschen Nepals jedes Jahr „Diwali". Es ist ein großes, landesweites Fest, wo den Hunden gedankt wird. Die Menschen bedanken sich beim Vierbeiner ganz ausdrücklich, dass er ihr bester Freund sei. Die Hunde erhalten ein besonders leckeres Essen. Jedem wird ein Blumenkranz um den Hals gelegt. Auf der Stirn erhalten sie ein „Tika". Diese Markierung aus rotem Pulver stellt eine Art Weihe dar. Es sind dieselben Ehrbekundungen, wie sie auch Menschen erhalten können.

Dr. Rocío Alarcón ist mitten im südamerikanischen Regenwald aufgewachsen. Sie hat das Zusammenleben ihres damals noch unberührten

Volkes mit dessen Hunden von Geburt an erlebt. Sie stammt aus einer uralten Linie von nativen Heilerinnen der Indios. Sie machte eine besondere Karriere. Heute arbeitet sie als Ethnopharmakologin und sammelt die Kenntnisse der Indianer über Heilpflanzen und Drogen. Dabei interessiert sie sich ebenso für die Mythen zur Herkunft und Gesundheit von Körper und Seele. Es sind Mythen, die europäisch geprägte Menschen gerne als Hokuspokus abtun. Seit Menschengedenken hingegen haben sie im Regenwald ihre Wirksamkeit unter Beweis gestellt.

Der Stamm der Shuar glaubt, Hunde seien ein Geschenk der Erdenmutter Nunkui. Die Hunde würden Sorge für das Wohl ihres Volkes tragen. Für die Quichua, ein Nachbarstamm, sind Hunde Waldgeister, deren Aufgabe es sei, sie vor Krankheiten und dem *„bösen Auge"* zu schützen. Hunde haben darüber hinaus noch ganz praktische Aufgaben. Im Grenzgebiet von Ekuador, Kolumbien und Peru ist der Amazonas-Dschungel so dicht, dass man nicht weit sehen kann. Die Hunde sind für das Jagen überlebenswichtig. Sie erriechen die Beute, meist Affen oder Faultiere. Sie apportieren das Äffchen aus dem dichten Wuchs, wenn es, vom Giftpfeil getroffen, herunter gefallen ist. Selbst die Indios hätten Mühe, ihre Beute dort zu finden. Hunde schützen vor dem gefährlichsten Feind der Menschen, dem Jaguar, die größte Katze nach Löwe und Tiger. Leben und Kultur dieser Völker sind aufs engste mit Hunden verbunden. Sie werden medizinisch behandelt wie die Menschen auch. Welpen werden von Frauen gesäugt, wenn es nötig ist. Die Menschen deuten sogar die Träume der Hunde.

Die Hunde nehmen wie selbstverständlich an den Festen der Clans teil. Man konsumiert aus den Pflanzen des Waldes gewonnene Drogen. Den Hunden werden dieselben psychodelischen Drogen verabreicht; nur in anderer Dosis und nur diejenigen Drogen, die für sie ungefährlich sind. Dasselbe geschieht, um beim Geruchssinn der Hunde quasi den Turbo einzuschalten. Dazu wird ihnen das im Westen als Geheimtipp gehandelte Mittel Ilex guayusa verabreicht, das aus einer Stechpalme gewonnen wird. Zuweilen reibt man die Hunde mit Tabak ein. Dann seien sie selbst nicht mehr zu riechen, heißt es. Der Tabak dient quasi als Tarnkappe für den Geruchssinn der Beute. Rocío Alarcón berichtet, dass sie eine ganz ähnliche Verehrung der Hunde und sogar einen ähnlichen Umgang mit ihnen auf Papua-Neuguinea beobachtet hat. Das ist höchst spannend, schließlich liegt diese größte Insel am anderen Ende der Welt. Die Wege der Ureinwohner Papua-Neuguineas und der Amazoniens sind seit mehr als 30.000 Jahren getrennt.

Namenlos

Zurück in den Norden Amerikas. Beruflich bedingt besuchte ich Anfang der 1990er Jahre des Öfteren Vancouver und die kanadische Pazifikküste. Ich hatte das Glück, mehr oder weniger zufällig Freundschaft mit einem Vertreter der Ureinwohner, der First Nations, schließen zu können. Walter, ein Angehöriger des Volkes der Neskonlith, führte mich in das Denken und Fühlen dieser Menschen ein. Deren Seele spiegelt sich am tiefsten in den unzähligen Geschichten wider, die mündlich von Generation zu Generation weitergegeben werden. So eine Überlieferung, die mir Walter erzählte. Sie berichtet von *„Namenlos"*. Sie wird von den Mitgliedern der First Nations aus der Gegend Tsla-a-wat, nahe dem heutigen Vancouver, als Gründungsgeschichte ihres Volkes angesehen. Sie lautet wie folgt: Von einem Stamm hatte nach einem verheerenden Unwetter einzig ein kleines Baby überlebt. Es war noch namenlos. Das hilflose Kind wurde von einer Wölfin adoptiert. Es blieb bei den Wölfen bis aus dem Baby ein junger Mann erwachsen war. Die Wölfe waren zur Familie von Namenlos geworden. Menschen hatte er seither nie gesehen. Wie es männliche Wölfe tun, wenn sie erwachsen geworden sind, verließ Namenlos sein Rudel, um eine eigene Familie gründen. So traf er bei einem weit entfernten Stamm auf eine Frau und verliebte sich. Sie heirateten. Das Paar zog an den Ort wo Namenlos selbst als Baby gefunden worden war. Dort gründete es eine Familie. Und die Kinder gründeten wieder Familien. So überlebte das Volk von Tsla-a-wat.

Es ist integraler Teil der Kultur der First Nations, dass sie ihre Geschichte in mündlichen Überlieferungen von Generation zu Generation weitergeben. Diese Überlieferungen sind keine Märchen. Untersuchungen zeigen, dass sie sehr präzise mit den Erkenntnissen moderner Wissenschaft übereinstimmen.

Vom Stamm der Tsist-sistas wird berichtet, dass sie die Sprache der Wölfe verstehen und sprechen könnten. Das Volk der Nii-Tstitapiiksi, bei uns als Schwarzfußindianer bekannt, erzählt in seiner Überlieferung gleich mehrere Geschichten, die das gegenseitige respektvolle Verhältnis von Mensch und Wolf ausdrücken. Eine lautet so: *„Einem alten Jäger war nur noch sein Pferd geblieben. Er hatte schon lange nichts mehr gejagt. Dann kam das Jagdglück zurück. Er erlegte einen Hirsch. Endlich war das Fleisch auf sein Pferd gepackt. Aber er ließ an dem toten Hirsch noch reichlich Fleisch für die Wölfe. Sie sollten nicht leer ausgehen. Dann ging er seines Weges. Da kam ihm ein ganzes Wolfsrudel eilig entgegen, grüßte kurz. Es lief genau auf geradem Weg zu dem Fleisch, das er für die Wölfe zurück gelassen hatte. Einige Zeit war nun vergangen, da trottete aufgeregt aber ganz langsam ein alter Wolf auf ihn zu. Der Jäger bot ihm sein bestes Stück Fleisch an. Iss mein Freund, die werden nichts mehr für dich übrig gelassen haben, wenn du ankommst. Da antwortete ihm der alte Wolf: Nein ich kann das nicht annehmen. Ich muss schnell zu den anderen. Warum, fragte der alte Jäger, hast du Angst, dass sie dir nichts übrig lassen? Nein, antwortete der alte Wolf, die warten doch schon auf mich und sind hungrig. Sie fangen erst an zu fressen, wenn ich endlich da bin."*

Immer wieder haben die Erzählungen der First Nations den Teamgeist der Wölfe, ihren Zusammenhalt, ihr kooperatives Denken, Fühlen und

Handeln zum Gegenstand. Dieses Verhalten der Wölfe ist so ausgeprägt, dass es selbst die Naturvölker beeindruckt. Diese hatten selber ein auf Kooperation ausgerichtetes Leben in ihrer Psyche verinnerlicht. Der enge Zusammenhalt, die Kooperation des Clans war ja die Grundlage des Überlebens in der Wildnis. Verankerung und Einstehen in der Gruppe war allemal um Welten stärker als wir es uns heute vorstellen können. Unser heutiges Leben ist viel intensiver von einem täglichen Wettstreit um Parkplätze, die kürzeste Schlange an der Kasse, das pünktliche Erscheinen bei der Arbeit trotz Stau, den nächsten Schritt in der Karriere beherrscht. Tag für Tag leisten wir uns untereinander eine Rallye der Konkurrenz. Wir spüren, dass uns das nicht wirklich gut tut. Doch wir machen weiter so.

Tierbilder im Kopf

Trotzdem: Eine solche respektvolle, ja freundschaftliche Haltung zum Wolf ist meiner Überzeugung nach sogar noch heute in unserem tiefsten Inneren lebendig. Sie hat unsere Entfremdung von der Natur ein Stück weit überlebt. Sie ist sogar in uns Bewohnern der Großstädte und Ballungszentren verankert. Sie ist die Grundlage, dass wir uns Hunde und Katzen in unser Leben holen, auch wenn sie - oberflächlich betrachtet - nur Arbeit machen und Geld kosten und keinen Nutzen haben.

Diese uralte Verbindung ist in den Tiefen unserer Psyche verwurzelt. Carl Gustav Jung, Begründer der analytischen Psychologie, sprach von einem Archetypus Hund oder Wolf. Archetypen beschreiben eine dem Instinkt ähnliche, bildhafte Veranlagung. Sie ist in uns verankert wie das reflexartige Zurückzucken, wenn plötzlich eine Schlange vor uns züngelt. Nur ist der Wolf in unserem Unbewussten als Freund, als Vorbild, als Teil der eigenen Gruppe angelegt. Das wird zum Teil überlagert durch die Hetze und das Feindbild Wolf, das im Mittelalter aufgebaut wurde. Es gibt sogar Hinweise aus der modernen Naturwissenschaft. Man fand Belege für spezielle Areale im menschlichen Gehirn, die auf Tierbilder spezialisiert sind. 2011 entdeckte Florian Mormann von der Universität Bonn zusammen mit Wissenschaftlern um Christof Koch vom California Institute of Technology solche Areale in der Amygdala. Die Amygdala ist eine für Emotionen und Stressreaktionen zentrale Region im Gehirn. Hier gibt es spezielle Zentren für die Erkennung von Tieren. Diese sind gekoppelt mit der Bildung der speziellen Gefühle für jede Tierart. Die jeweiligen Nervenzellen zeigen bei den entsprechenden Tierbildern eine auffallend hohe Aktivität. Hier könnte die neuronale Basis für solche evolutionär verankerten Tierbilder und die jeweiligen Gefühle Tieren gegenüber liegen.

Solche neuronalen Bildarchive sind in der Neurologie keine Besonderheit. Man hat sie in etlichen Versuchen für aktuelle Bilder nachgewiesen. Forscher des Max-Planck-Instituts für Kognitions- und Neurowissenschaften in Leipzig und der Harvard University um Roland Benoit konnte 2019 belegen, dass Orte, die zuvor emotional neutral waren, alleine über die bildhafte Vorstellungskraft im Gehirn positiv oder negativ belegt werden können. Wir haben quasi ein Bildarchiv im Gehirn, das mit unseren Gefühlen verbunden ist – aktuelle wie archaische.

Ein inneres, direkt mit den Gefühlen gekoppeltes Tierbilderarchiv würde durchaus Sinn machen. Früher war es überlebenswichtig, binnen Sekundenbruchteilen unterscheiden zu können, ob ein Tier eine Bedrohung ist oder nicht. Der Weg der Bildsignale aus den Augen bis in die Großhirnrinde, die dortige Verarbeitung, das Suchen nach Erinnerung, die Bewertung, Handlungsalternativen abwägen und entscheiden und dann die Befehle, was zu tun ist, an unsere Arme und Beine ausgeben - all das würde viel zu lange dauern. Da hätte eine Giftschlange schon längst zugebissen oder ein Säbelzahntiger zum Sprung angesetzt. Eine direkte Verschaltung von Bild und Reaktion ohne den Umweg über unseren Denkapparat macht da Sinn. Es bringt den kleinen Unterschied, das nötige Quäntchen Schnelligkeit. Hier liegt auch ein wesentlicher Grund, warum kurzzeitiger Stress, der alle unsere Kräfte mobilisiert, so hilfreich sein kann: Die maximal schnelle Reaktion auf eine potenzielle Gefahr oder auf das Signal einer überlebenswichtigen Beute.

Psychogramm eines Wolfes

Die tiefe Verankerung von Tierbildern und speziell Bildern des Wolfes wäre also rein evolutionär gut nachvollziehbar, ja eigentlich logisch. Schließlich teilen wir unsere ökologische Nische mit dem Wolf mindestens seitdem unsere Vorfahren erstmals in Europa aufgetaucht sind. Wenn wir noch die Neandertaler-Gene in uns hinzurechnen, so sind wir bei weit mehr als einhunderttausend Jahren unmittelbarem Zusammenleben mit dem Wolf. So unvorstellbar lange wohnen wir quasi im gleichen Haus. Seit wir den Hund haben, teilen wir mit ihm sogar die gleiche Wohnung. Wir teilen mit Wolf und Hund unser intimes Familienleben seit wahrscheinlich 40.000 Jahren. Das ist eine wirklich beachtliche Zeitspanne. Die Blütezeit des Römischen Reichs war da - vergleichsweise - erst gestern. Die nicht einmal 2.000 Jahre vorbei. Berlin und die meisten unserer heutigen Städte existieren gerade einmal tausend und weniger Jahre. Es sind 3.000 Jahre her, da begann die Eisenzeit. Als der erste Stahl noch in homöopathischen Dosen verhüttet wurde, teilten wir unsere Wohnung bereits seit weit mehr als 30.000 Jahren mit dem Hund.

Es ist schon bemerkenswert, dass wir Großstadtmenschen, die wir zu weit mehr als 99,99% nie einen wilden Wolf in der Natur gesehen haben, dass wir von diesem Beutegreifer so außerordentlich fasziniert und ergriffen sind. Beim Thema Wolf werden wir sofort emotional, ob nun positiv oder negativ. Spontan sehen die meisten Menschen den Wolf als Freund, fühlen sich zu ihm hingezogen als wäre er ein vertrautes Mitglied der eigenen Familie. Andere geraten fast schon in Panik ob der 800 Wölfe in Deutschland. Kein Zweifel. Der Wolf spielt für unsere Psyche eine herausragende Rolle. Viel mehr als es seine objektive Bedeutung erklären könnte. Er berührt uns mehr als jedes andere nicht-menschliche Tier.

800 böse Wölfe und 1,4 Millionen harmlose Wildschweine

Dabei machen wir ihm das Leben in unserem Dunstkreis seit langem schwer, ja fast unmöglich. Der Wolf wurde aus praktisch allen Regionen Mittel- und Westeuropas vertrieben, ausgerottet. Über ziemlich genau tausend Jahre hinweg wurde er, wo immer man ihn traf, nur gehetzt, gejagt, verteufelt. Es gibt wohl kein weiteres Tier auf dessen Kopf das so viele Prämien ausgelobt wurden. Vom Mittelalter bis in das 20. Jahrhundert hinein setzte man dem inzwischen "böse" gewordenen Wolf mit allen Mitteln nach. Nichts war uns Menschen zu gemein für ihn: Gift, Fallen, Treibjagden, List, Tücke, Rufmord und Verleumdung. Der hinterhältige Vielfraß des arglosen Rotkäppchens gilt noch immer und gerade heute wieder als der Gefährder No.1 des Waldfriedens. Nüchtern betrachtet sind es 0,002 Exemplare pro Quadratkilometer. Den 800 Wölfen stehen auf exakt demselben Areal geschätzt 1,25 Millionen Wildschweine gegenüber. Der Deutsche Jagdverband gibt alleine die Wildschweinstrecke für 2017/18 mit nicht weniger als 820.000 geschossenen Exemplaren an. Jeder Jäger und jeder Schäfer weiß genau, dass eine Sau mit ihren Frischlingen oder ein rauschiger Eber durchaus Menschen angreifen und sogar töten können. Wildschweine sind für den Menschen nicht weniger gefährlich als ein Wolf. Ein Wolf sieht den Menschen von Natur aus nicht als seine Beute an, geht ihm aktiv aus den Weg.

1,25 Millionen gegen 800. Das ist ein Verhältnis von 1562 zu 1. Beim Raum, der unseren 800 Wölfen in Politik und öffentlicher Diskussion gewidmet wird, ist es genau umgedreht. Die Schieflage der öffentlichen

Darstellung wird in den nüchternen Zahlen der KFZ-Versicherungen erkennbar. Im Jahr 2017 wurden mehr als 275.000 Kollisionen mit Wild angemeldet. Der Schadenaufwand lag für die Versicherungen bei 744 Millionen Euro. 2.924 Menschen kamen bei diesen Begegnungen zu Schaden. 606 wurden schwer verletzt, 10 Menschen starben. Das Reh war zu 80% beteiligt, das Wildschwein zu 10%. Dann kommt der Hirsch. Ein Wolf taucht in der Statistik nicht auf. Vielleicht wirken bei den Akteuren, die das Bild von der Wolfsgefahr in Deutschland zeichnen, dieselben unbewussten Mechanismen im Gehirn wie die eben beschriebenen neuronalen Bildarchive.

Dabei meidet der europäische Grauwolf den Menschen, wo immer er kann. Ganz im Osten Deutschlands, in der Lausitz, hatten die Wölfe begonnen, Deutschland als Lebensraum zurückzuerobern. Zusammen mit einem dort beheimateten Jäger gehe ich mit unseren Hunden durch die weitläufige, für mitteleuropäische Verhältnisse eher dünn besiedelte Landschaft. Zwischen den Feldern finden sich immer wieder teils dichte Wäldchen. Wir gehen gerade durch ein solches Waldstück, da ziehen die Hunde plötzlich ihre Schwänze ein und schmiegen sich ganz dicht an uns. Man spürt deren Unruhe, genauer ihre submissive Haltung. Selbst die sonst so taffe, top ausgebildete Kleine Münster-länderin des Jägers, lässt plötzlich jeden Schneid verpuffen. *„Dort in der Dichtung, ganz nah, müssen uns Wölfe beobachten"*, raunt mir mein Begleiter zu. Aber wir sehen nichts, wir hören nichts. Selbst Einheimische, die bestens mit der Gegend vertraut sind und täglich durch die Landschaft streifen, haben nur höchst selten das Glück, einen Wolf zu Gesicht zu bekommen. Dann zeigen sich die Wild-Caniden interessiert, doch keineswegs bedrohlich oder gar aggressiv.

Das durfte ich ein anderes Mal erleben. Früh am Morgen bin ich mich mit einem Förster verabredet. Wir wollen nach Wolfs-Losung schauen. Wir treffen uns mitten im Wald. Die Sonne scheint durch Blätter und Nadeln. Es ist schon hell. Da steht der Förster und wartet bereits auf mich. Ich gehe mit meinen drei Hunden auf ihn zu. Plötzlich sieht er mich wie versteinert an. Er macht zugleich komische, verkrampfte Grimassen, die ich nicht wirklich deuten kann. Instinktiv drehe ich mich herum. Jetzt weiß ich, warum. Hinter uns laufen vier ausgewachsene Wölfe, ganz gemächlich im langsamen Trott als sei nichts. Jetzt halten sie inne, schauen zu uns hin. Meine Sorge gilt meinen Hunden, die ich schnell anleine. Absolute Ruhe, höchste Anspannung. Ich bin wie gelähmt. Meine Hunde wohl auch. Die Wölfe verharren, schauen uns Zweibeinern und unseren inzwischen an die Leine gelegten Vierbeinern interessiert nach. Ich fühle mich von ihren Blicken durchbohrt. Nach einer mit endlos vorkommenden Weil trollen sie sich ganz entspannt. Sie verschwinden im Unterholz als sei nichts gewesen. Sie sind so schnell weg wie sie gekommen waren. Aus dem Nichts. Ich spüre es: Diese Wölfe haben genau gewusst, was sie taten. Sie haben sich uns Menschen ganz bewusst, wissend gezeigt, sozusagen aktiv Kontakt mit uns aufgenommen. SIE überraschten uns - nicht wir sie. Vielleicht haben sie mit monatelangen, gar jahrelangen Beobachtungen einzuschätzen gelernt, welchen individuellen, konkreten Menschen in ihrem Revier sie sich zeigen wollen und wem nicht. Vielleicht „wussten" sie, dass wir ihre Freunde sind? Wölfe sind wie Hunde sehr genaue Beobachter. Viel genauer, sensibler, besser als wir, die wir meist grobschlächtig, fast immer laut und nicht selten arrogant und ignorant durch die Landschaft ziehen. Und sie sind zudem intelligent wie lernfähig.

Die wilden Wölfe Deutschlands, genau die Wölfe, die wir aus den Märchen, Erzählungen und Zeitungsberichten kennen, die Wölfe ganz Europas, sind durch eine Jahrhunderte andauernde, gnadenlose Bejagung geprägt. Sie haben über viele Generationen hinweg die blutige Lektion verinnerlicht: Meide den Menschen! Dort wo diese Zweibeiner sind, ist kein Platz für dich! Sie gehen uns Menschen weiträumig aus dem Weg wo sie nur können. Solche Begegnungen, wie ich sie eben geschildert habe, sind extrem selten. Sie gelten als

Glückstag für einen Wildbiologen. Der normale Wanderer sieht kaum je einen Wolf. Das war ganz früher mit einiger Wahrscheinlichkeit ganz anders. Da sind wir im Vorfeld eines der größten Bündnisse der Evolution, dem von Mensch und Wolf, ein Bündnis aus dem der Hund hervorgehen sollte. Ein Bündnis, das für uns Menschen eine wegweisende Bedeutung haben sollte, auf die wir noch zu sprechen kommen.

Ein Indiz für diese alte Nähe von Wölfen und Menschen sind Wölfe, die dort leben, wo die Menschen freundlich zu ihnen sind oder kaum in Erscheinung treten. Charles Darwin beschrieb 1833 kleine Wölfe (Dusicyon australis) auf den einsamen Falkland-Inseln. Sie hatten keinerlei Angst vor Menschen. Im Gegenteil: Sie waren uns Menschen gegenüber neugierig, arglos, gar zutraulich. So notiert es Darwin in seinem Hauptwerk zur Entstehung der Arten. Als die ersten europäischen Seefahrer die Inselgruppe im Südatlantik zwischen Argentinien und Südafrika betraten, wurden sie von diesen kleinen Wölfen freundlich begrüßt. Der ungebetene Gast bedankte sich nicht. Diese dummen Vertreter der Gattung Homo erschossen zahlreiche dieser Falkland-Wölfe. Mit ihrem Böser-Wolf-Dünkel interpretierten sie deren freundliche Neugierde als Bedrohung. 43 Jahre nach Darwins Besuch war der Falkland-Wolf ausgerottet. Denn es kam noch schlimmer. Die Schafzüchter wollten ihm keinen Platz lassen, selbst nicht auf den entlegensten Inseln. Sie erkannten in dem kleinen Wolf eine Bedrohung ihrer Existenz. Es ist nicht dokumentiert, dass überhaupt jemals ein Schaf durch einen Falkland-Wolf gerissen worden ist. Die Schafzüchter malten jedoch Schreckensszenarien um das Tier, das hier schon zig tausend Jahre vor den menschlichen Invasoren mit deren Schafen existierte. Für seinen Abschuss wurden sogar Prämien ausgelobt. Das war's. Die menschliche Ordnung war wieder hergestellt. Heute gibt es den Falkland-Wolf nur noch ausgestopft am anderen Ende der Welt im Ortago Museum in Dunedin, Neuseeland.

Die freundlichen Wölfe von Ellesmere Island

Ganz im Norden der Erdkugel, auf dem zu Kanada zählenden Ellesmere Island, lebt der Arktische Wolf oder Polarwolf (Canis lupus arctos). Er ist die größte heute noch lebende Wolfsart Er ist eine mächtige, imposante, eindrucksvolle Erscheinung. Er trägt ein dichtes, üppiges, weißes Fell. Mit seinen bis zu 80 Kilogramm ist er dem Menschen rein körperlich haushoch überlegen. Dieser Kraftprotz hat eine Gemeinsamkeit mit seinem weit kleineren Verwandten der Falkland-Inseln. Er ist neugierig, ja freundlich uns Menschen gegenüber. Den kleinen und großen Wolf vereint noch mehr: Beide mussten den Menschen nie fürchten. Die wenigen der Gattung Homo, die sich in diese rauen, unwirtlichen Landstriche verloren hatten, waren zivilisierter als die modernen Siedler der Falklands. Sie hatten es nie auf den Wolf abgesehen. Sie respektierten ihn. Es waren Indianer, Inuit, Eskimos. Sie kamen nur im Sommer auf diese riesige Insel und jagten andere Beute: Seehunde, Moschusochsen, Hasen. Sie sahen in dem mächtigen weißen Wolf den Bruder, Freund, den Lehrmeister.

Als später die weißen Männer kamen, waren es Forscher. Oder es waren Filmemacher, die zur Jagd mit der Kamera auf diesen prachtvollen Caniden einen langen Weg auf sich nahmen. Wolfsforscher wie David Mech oder Tierfilmer wie Gordon Buchanan. Sie erhielten zwischen den Jahren 1950 und 2000 Genehmigungen, Ellesmere Island zu besuchen. Sie waren durch die Bank hinweg zutiefst beeindruckt. So entstanden mehrere spannende Filme, wissenschaftliche Artikel, Bücher und unzählige großartige Fotografien. Es ist ein archaischer Lebensraum in dem nur Schneehasen, Schneehühnern, Schneeeulen und Moschusochsen überleben können. Moschusochsen sind äußerst wehrhafte Verwandten der Ziege. Als Herde treten sie dem Gegner koordiniert entgegen. Dann sind die kaum bezwingbar. Nur der Polarwolf hat mit seiner ausgefeilten Jagdtaktik eine Chance.

Der Moschusochse ist neben dem Schneehasen die Hauptnahrung des Wolfes. Polarwölfe müssen schon extrem geschickte und zudem starke, mutige und vor allem clevere Jäger sein, um gegen Moschusochsen überhaupt eine Chance zu haben. Diese Jagd ist noch am ehesten mit der Jagd auf das Mammut zu vergleichen, von der wir im nächsten Kapitel berichten werden.

Tauchen in den kurzen Sommern Zweibeiner auf, so zeigen sich die Wölfe früher oder später. Sie verstecken sich nicht. Sie laufen nicht weg, wie es ihre Verwandten in Europa schmerzvoll erlernen mussten. Sie zeigen sich neugierig, interessiert, freundlich. Viele Individuen suchen sogar aktiv den Kontakt. Erwidert der Mensch ihre Annäherungsversuche, so kann sich gar ein Vertrauensverhältnis entwickeln. Das ist längst nicht selbstverständlich. Eine freundliche Kontaktaufnahme zwischen zwei Beutegreifern wäre nach den Lehren der Verhaltensbiologie eigentlich nicht zu erwarten. Nach den Lehrbüchern wäre der Mensch entweder Konkurrent oder Beute. Selbst ein einzelner Polarwolf könnte jeden Menschen im Vorbeigehen töten. Unsere Arm- oder Beinknochen durchbeißen sie wie ein Stück Schokolade. Doch sie sehen uns nie als Beute, selbst wenn wir als wohlgenährte Nordamerikaner daherkommen und durchaus eine zarte Mahlzeit abgeben würden.

Allerdings wird erwartet, dass die Vorräte geteilt werden, mal nebenbei erwähnt. Da hilft nur Teilen und in erster Linie ein Elektrozaun um das Zelt mit den Vorräten herum. Das wirklich erstaunlichste: Von etlichen Forschergruppen ist dokumentiert, dass einzelne Menschen von den Wölfen nach und nach als Rudelmitglieder akzeptiert werden. In einzelnen Fällen durften Menschen sogar auf die Welpen im Bau aufpassen, während die Mutter mit dem Rudel auf der Jagd nach Moschusochsen war. Auch Neil Shea, der den Sommer 2018 auf Ellesmere Island unter Wölfen verbringen durfte, wurde eines Tages alleine mit den Jungen zurück gelassen. Im Magazin „*National*

Geographic" berichtet er: *„Irgendwann trotteten die älteren Wölfe davon, um weiter westlich jagen zu gehen. Die Welpen ließen sie mit mir zurück. Der Nachwuchs schien davon ebenso verwirrt zu sein wie ich selbst. Das war nicht unbedingt ein Vertrauensbeweis der Tiere, sondern zeugte wohl eher von einer gewissen Gelassenheit. Ich war weder Beute noch Bedrohung, sondern gehörte irgendeiner dritten Kategorie an, und die älteren Wölfe schienen das zu begreifen."*

Mensch und Wolf stehen sich hier nicht feindlich gegenüber. Ja, sie gehen aufeinander zu. Und das schon in solchen eher kurzen Begegnungen von etwa drei Monaten im Sommer auf Ellesmere Island. Warum sollte so etwas nicht schon vor 40.000 Jahren möglich gewesen sein? Da liefen sich Menschen und Wölfe quasi täglich über den Weg. Und das über viele Generationen hinweg. Ein erster Punkt, wo wir unser Denken umstellen sollten.

2 Die Trümpfe unserer Vorfahren

Wir kamen als Einwanderer ins heutige Europa. Kein menschenleeres Land. Der Neandertaler lebte hier bereits seit 100.000 Jahren. Er war bestens angepasst. Was lernten wir vom Wolf und wie gelang es unseren Vorfahren, zum mächtigsten Akteur auf diesem Erdball aufzusteigen.

Es ist noch nicht wirklich heraus, wann genau und wie genau unsere direkten Vorfahren Europa besiedelten. Es gilt als gesichert, dass der *Anatomisch Moderne Mensch*" vor rund 50.000 Jahren vom Süden kommend nach und nach in den Norden und schließlich in die endlos erscheinende Steppenlandschaft vordrang. Die eiszeitlichen Kalt-steppen erstreckten sich damals in einem breiten, durchgängigen Band von den Britischen Inseln bis zum Ural. Die Nordsee war in weiten Teil Festland, Doggerland. England und Irland zählten ebenfalls zum Festland. Die riesigen Weidegebiete waren von Gletschermassiven umzäunt. Es war eine fruchtbare Landschaft, ideal für Grasfresser. Der Lebensraum einer imposanten Tierwelt. Das Wollnashorn als Einzelgänger und riesige Herden der Bisons, Pferde, Rentiere. Dazu kamen die Moschusochsen und das Megaloceros, ein Riesenhirsch. Das Wollhaarmammut war ihr unumstrittener König. Sie alle folgten im Rhythmus der Jahreszeiten dem Ergrünen der Vegetation.

Daneben standen die Beutegreifer, die Prädatoren am Ende der Nahrungskette. Es waren furchterregende Exemplare. Höhlenlöwen, Höhlenbären und riesige Hyänen, die den Oberschenkelknochen eines Mammuts mühelos durchtrennen konnten. Dazu gesellten sich Säbelzahnkatzen mit ihren riesigen, messerscharfen Eckzähnen. Alle waren viel mächtiger als ihre heute lebenden Verwandten. Das

Mammut fasziniert uns Menschen selbst heute in besonderer Weise. Keiner hat es je gesehen. Und trotzdem hat es diese archaische Ausstrahlung von der ich schon berichtet habe. Der majestätische Riese der Urzeit scheint in uns noch heute ein Stück weit lebendig.

Die wichtigsten Jäger fehlen noch. Es waren keineswegs die größten oder stärksten. Sie waren vergleichsweise klein und schwach. Einer von ihnen war der Neandertaler. Er hatte seit mehr als 100.000 Jahren ohne jeden Zweifel demonstriert, dass er sich in diesem Lebensraum ganz hervorragend behaupten kann. Neandertaler verfügten über zwei entscheidende Trümpfe: Das koordinierte Vorgehen als geschlossenes Kollektiv und ihre hohe Intelligenz. Der andere große Jäger war der Wolf. Er verfügte über dieselben Trümpfe wie der Neandertaler.

Der Neandertaler war keineswegs der tumbe, grobschlächtige Halbaffe als der er lange Zeit dargestellt wurde. Die Forschung zeigt immer detaillierter wie hochentwickelt diese Menschenart war. Neandertaler hatten ein hochentwickeltes Sozialleben, sie beerdigten ihre Toten, versorgten ihre Kranken medizinisch. Sie hatten Sprache und Technologie. Sie waren liebevolle Eltern, die ihre Kinder über die ganze Jugend hinweg im Kollektiv erzogen. Ja, sie hatten sogar ein größeres Gehirn als wir.

Das Greenhorn und der Wolf

Dann kamen sie. Niemand hatte sie gerufen, unsere direkten Vorfahren. Es war nicht der triumphale Einmarsch eines Weltenherrschers. Homo sapiens kam eher als Flüchtling. Die Kaltsteppe war für ihn eine fremde, feindliche Welt. Unsere Ahnen waren ehemals Afrikaner und nicht an diese extreme Witterung angepasst. Sie kannten die Jagd auf das Großwild solch weiter Ebenen nicht. Hier hatten sie es nicht mehr mit Gazellen oder Rehen zu tun. Die Kolosse der Kaltsteppe, Wollhaarmammut, Wollnashorn, selbst eine Herde

Bisons müssen bedrohlich gewirkt haben - von dem Anblick einer Säbelzahnkatze oder eines Höhlenlöwen ganz zu schweigen. Der Boden der Steppe bebt bereits Minuten vorher, wenn eine Bisonherde naht. Dazu kamen die Herden der riesigen Mammuts. Deren Trompeten tönten über Kilometer. Wollnashörner grasten als mürrische Einzelgänger dazwischen. Ihr spitz zulaufendes Horn war eine gefährliche Waffe, 1,20 Meter lang, elf Kilogramm schwer. Das nicht genug. Zu dieser Zeit lebte noch das Elasmotherium, das wohl größte Nashorn aller Zeiten, vier Tonnen schwer. Mit seinem riesigen Horn gilt es als Kandidat für die Legenden vom Einhorn. Sie alle zogen durch ein Gebiet, das sich über mehr als 5.000 Kilometer von der irischen Westküste bis zum Ural erstreckte. Jede Nische dieses Ökosystems war seit langem besetzt. Deren Akteure waren robuste Vertreter, keine Weicheier. Das gilt für Grasfresser wie Fleischfresser gleichermaßen. Es gab keinen freien Platz, der auf ein Greenhorn wie den Homo sapiens nur wartete.

Und doch drängten unsere Vorfahren als invasive Spezies in dieses endlos erscheinende Biotop. Das war nicht als Abenteuerurlaub gedacht. Es gab keine Ranger, die aufpassen, keinen ADAC-Rückholdienst und keine gesicherten Lofts mit warmen Getränken für eine kurze Pause zwischenrein. Es war eine Reise aus purer Not heraus. Es war schlicht die Suche nach einem Platz zum Überleben. Mammuts, Wollnashörner und die riesigen Huftierherden versprachen Nahrung im Überfluss; hochwertige, proteinreiche Nahrung: das Überleben, das Paradies auf Erden. Nur wie erlegt man ein Wollhaarmammut? Die Gretchenfrage. Die Riesen mit zuweilen mehr als drei Metern Widerristhöhe und sechs oder mehr Tonnen Gewicht versprechen zwar, den Clan für Wochen vorzüglich satt zu machen. Aber diese Riesen lassen sich nicht einfach das Leben nehmen. Wie an deren Fleisch kommen? Mammute sind ausgesprochen wehrhafte, ja gefährliche und zudem hoch intelligente Gegner. Insbesondere stehen sie füreinander ein. Sie verteidigen sich gemeinsam und vorbehaltlos. Keine Chance für ein Greenhorn wie den Homo sapiens jener Zeit.

Wir können uns heute nicht wirklich vorstellen, wie sich so ein Leben angefühlt haben muss. Es gab keinen Supermarkt. Es gab kein fertig ausgelöstes, dry-aged Mammut-Steak aus der Kühltheke. Es gab keinen verzehrfertigen Salat in Plastikfolie verpackt. Alles, wirklich alles musste in der Natur gefunden und nutzbar gemacht werden - und zwar eigenhändig. Kein Kraut, keine Knolle und erst recht kein Fleischlieferant warteten darauf, vom Menschen als Nahrung genutzt zu werden. Es war keine behütete Welt mit Rundumversorgung, sozialem Netz, Kranken- und Rentenversicherung. Es war ein täglicher Kampf ums Überleben. Auf sich alleine gestellt. Doch die Menschen hatten etwas, was uns heute oft genug fehlt. Sie genossen unbedingten Zusammenhalt und Geborgenheit in ihrer Gruppe, ihrem Clan. Das war ihr Trumpf.

Wie erlege ich das Monster?

Möglicherweise versuchten sich unsere Vorfahren zunächst an vergleichsweise kleinem Wild, Rentieren zum Beispiel. Selbst das ist nicht einfach. Denn Rentiere sind sehr wachsam. Sie können sehr schnell sein. Zudem bleibt ein Clan mit 20 oder 60 Erwachsenen nicht lange satt von einem Ren. Das Mammut zu jagen, war eine ganz andere Hausnummer. Trotzdem: Die Verwandlung in einen sehr erfolgreichen Großwildjäger muss sich binnen tausend Jahren vollzogen haben. Irgendwie muss eine Art revolutionäre Entwicklung stattgefunden haben. In archäologisch extrem kurzer Zeit müssen unsere Vorfahren gelernt haben, diese Monster zu jagen. Plötzlich finden Archäologen große Lagerstätten mit Mammutknochen - von Menschen erlegt. Die Kulturen der Mammutjäger entstanden wie aus dem Nichts. Sie sollten zu den erfolgreichsten und langlebigsten Kulturen der Menschheitsgeschichte werden. Sie hielten sich über 25.000 Jahre hinweg bis etwa

15.000 Jahre vor unserer Zeit. Das ist unvorstellbar lange. Es ist die mit Abstand längste Kulturepoche des Homo sapiens. Sie umfasst immerhin gut die Hälfte der gesamten Existenz des Homo sapiens in Europa. Diese Epoche ist ein Teil der Historie von uns allen und jedem einzelnen Menschen.

Ein Mammut bietet reichlich hochwertige Nahrung. Es wird darüber hinaus zum universellen Rohstoffspender. Die Gerüste der Zelte werden aus den Stoßzähnen gebaut. Die Unterkiefer bilden ringförmig ein robustes, wehrhaftes Fundament. Aus Fellen werden Kleidung, Taschen, Stiefel und Zeltplanen gefertigt. Die Menschen der Altstein- zeit waren keine Höhlenmenschen in unbearbeiteten Fellen als Kleidung und Grunzlauten als Sprache. Unsere Vorfahren sind bereits geschickte Handwerker. Mit Nadeln aus Mammutelfenbein werden Pelze und Häute zusammengenäht. Es gibt dutzende Typen von Näh- nadeln und Ahlen. Für die verschiedensten Zwecke das exakt passende Werkzeug. Daraus lässt sich ableiten, dass sie hochentwickelte Kleidung, Taschen, Schmuckstücke tragen. Die Fäden werden aus Seh- nen hergestellt. Alles wird verwendet. Fette, Knorpel, kleine Knochen werden zu Brennmaterial. Holz ist knapp und mit den damaligen Steinwerkzeugen nur mühsam beschaffbar. Ein Mammut bietet alles zum Überleben in dieser Zeit.

In Breitenbach im Burgenlandkreis im Süden Sachsen-Anhalts wird später die weltweit älteste Mammutelfenbeinwerkstatt ausgegraben. Auf mehr als 30.000 Jahre datiert. Hier stehen wir bereits am Ende des *„Aurignacien"*. Das ist eine nach der Gemeinde Aurignac in Süd- Frankreich benannte Phase der Menschheitsgeschichte. Es beschreibt eine von 40.000 bis 30.000 Jahren vor unserer Zeit andauernde Ära der Blüte. Technologie und Kultur entwickeln sich sprunghaft. Die ersten Speerschleudern entstehen. Mit diesem - heute noch bei Hunde- freunden fürs Apportierspiel beliebten - Hilfsmittel werden Wurf- distanz und -wucht von Speeren verdoppelt. Die ältesten plastischen

Kunstwerke der Menschheit entstehen. So die Figur des Löwen-
menschen oder die üppigen Venusfigurinen vom Galgenberg und vom
Hohlen Fels. Alle sind aus Mammutelfenbein geschnitzt. In diesen
Höhlen der Schwäbischen Alb feierten Archäologen 2008 einen ganz
besonderen Fund: eine Flöte aus Gänsegeierknochen. Schließlich fand
man sogar Flöten aus Elfenbein gefertigt. Sie werden auf ein Alter von
40-43.000 Jahren geschätzt. Diese Flöten gelten als die ältesten
Musikinstrumente der Menschheit. Doch: Was war die Grundlage
einer solchen kulturellen Explosion?

Die neuen Invasoren

Pat Shipman ist Archäologin. Das Spezialgebiet der Professorin ist die
Taphonomie. So wird die Lehre zur Entstehung von Fossilien bezeichnet. Shipman ist die weltweit führende Spezialistin für fossile Funde
von Mammutknochen. Darüber hinaus hat sie ein Standardwerk über
den Neandertaler veröffentlicht. Sie kennt die Lebensweise dieser
Menschen aus dem Effeff. Und sie kennt sich wie kaum eine andere mit
der Epoche aus, wo Homo sapiens Europa eroberte und mit der Jagd
auf das Monster begann.

Shipman hat eine gewagte Idee: Sie vermutet, dass Homo sapiens die
Hilfe des Wolfes respektive Hundes brauchte. Erst hierdurch gelang es
unseren Vorfahren, sich gegen den so lange, so erfolgreich an das
Eiszeitleben angepassten Neandertaler durchzusetzen. Dieser Idee
widmet die mehrfach preisgekrönte Autorin ihr Buch „The Invaders:
How Humans and Their Dogs Drove Neanderthals to Extinction".
Ihre Botschaft: Durch die Hilfe des Wolfes, der in diesem Prozess zum
Hund werden sollte, wurde Homo sapiens vom ängstlichen Greenhorn
zum erfolgreichen Jäger. Dazu hat sie sich mit den Studien von Mietje
Germonpré vom Königlich Belgischen Institut für Naturwissenschaf-
ten auseinandergesetzt. Germonpré hat Canidenschädel aus dem
Fundort Predmosti im heutigen Tschechien sowie aus der Höhle Goyet

oberhalb der Maas in Belgien genauer angeschaut. Die Archäozoologin kommt zu dem Schluss, dass es sich bei den etwa 35.000 Jahre alten Fossilien um frühe Hunde und nicht um Wölfe handeln muss. Auch Shipman ist überzeugt, dass es sich um Hunde und zwar naturgemäß noch dem Wolf sehr ähnliche Proto-Hunde handele.

Es ist klar, dass sich die ersten Hunde von ihrem Körperbau und speziell von den Knochen her noch kaum von einem Wolf unterschieden. Wie sollte das auch anders ein? Bis zu den über 350 heutigen Hunderassen liegt ein langer Weg. Der Mops von Loriot entsteht aus einem wehrhaften, eiszeitlichen Wolf nicht binnen tausend Jahren. Den Schädel eines Wolfes kann jeder Laie von dem eines Mopses unterscheiden. Da liegen immerhin 40.000 Jahre Domestikation dazwischen. Aber wie soll man anhand von Knochen einen gerade zum Hund gewordenen Wolf von dem wild gebliebenen unterscheiden?

Zudem haben sich die wesentlichen Veränderungen, die den Wolf zum Hund machten, erst einmal in der Psyche und im Verhalten vollzogen. Bis eine solche Entwicklung anhand von Fossilien belegt werden kann, müssen schon viele tausend Jahre Evolution gelaufen sein. Und doch haben sich die Taphonomen und Archäozoologen einiges einfallen lassen. Ein Stück Unterkieferknochen reicht ihnen. Anhand der Abstände der Zähne können sie klare Aussagen machen. Wird dieser Abstand enger, so gilt dies als starkes Indiz für Domestikation. Das Schrumpfen der Schnauze und damit auch der Abstände der Zähne gilt als typisches Merkmal der Verwandlung zum Hund. Dieselbe Veränderung zeigt sich im Übrigen auch beim Menschen. Die Schnauzen werden kürzer, der Schädel wird zarter. Darauf kommen wir später noch zurück. Diese Entwicklung verlief bei Wolf wie Mensch parallel.

In einem Interview, das ich mit der Professorin Shipman für das Magazin HundeWelt führte, schreibt sie: *„Zunächst einmal ist die*

Frage zu klären: Was taten die modernen Menschen, was die Neandertaler nicht taten? Die Arbeiten von Mietje Germonpré und Kollegen legen die Vermutung nahe, dass eben genau die Hunde diesen entscheidenden Unterschied ausmachten. Hunde können viel schneller laufen als Menschen. Sie können eine Spur viel besser anhand ihres Geruchsinns verfolgen. Sie können auch besser ein Beutetier, etwa ein Mammut, umzingeln und solange in Schach halten, bis es ermüdet ist. Hunde oder Wölfe werden bei solchen Jagden meist in der Phase verwundet, wenn sie direkt an die Beute herangehen und sie niederreißen müssen. Das ist der gefährlichste Moment für den Angreifer. Aber unsere Vorfahren hatten dafür Distanzwaffen." Die Mammutforscherin fährt fort: *„Darüber hinaus sind Hunde viel effektiver wenn es darum geht, einen Riss gegen andere Beutegreifer zu verteidigen. Als Jagdgefährten arbeiteten Hunde und Menschen gemeinsam viel besser als jeder für sich alleine. Erst damit können wir die vielen Mammutfunde jener Zeit schlüssig erklären."*

Die Distanzwaffen hatte Homo sapiens. Er hatte sie mit der Speerschleuder gerade in jener Zeit weiterentwickelt. So konnte dieses Zusammenspiel Erfolgsgeschichte schreiben. Die Rollen bei der gemeinsamen Jagd waren grob so aufgeteilt: Die Wölfe isolierten und hetzten die Beute müde, der Mensch gab ihr den Todesstoß mit seinen Waffen aus sicherer Distanz. Gemeinsam wurde die Beute schließlich gegen Neider verteidigt. Shipman ergänzt ihre Ausführungen über die Vergangenheit mit einer Studie zu heutigen Jägern. Hier wird gezeigt, dass in modernen Jagdsportarten, etwa bei der Jagd mit Pfeil und Bogen, diejenigen Jäger, die mit Hunden zusammenarbeiten, mehr Beute, schneller und mit weniger eigenen Verletzungen machen. Ob mit oder ohne Feuerwaffen, der Hund zählt seit Urzeiten und genau seit dieser hier beschriebenen Epoche, so unverzichtbar zur Ausrüstung eines Jägers wie die Waffe selbst. Das gilt selbst heute noch. Kaum ein Jäger arbeitet ohne Hund - weltweit.

Die Kooperation mit dem zum Proto-Hund gewordenen Wolf brachte den entscheidenden Fortschritt in der Mammutjagd. Erstmals konnte der Mensch die Riesen in größerer Zahl und mit hoher Zuverlässigkeit erlegen. Erst jetzt gelang es unseren Vorfahren, die riesigen Kaltsteppen als Lebensraum wirklich zu erobern. Jetzt richtete Homo sapiens in Rekordzeit seine gesamte Lebensweise auf die Mammutjagd aus. Er begann, den Neandertaler als Konkurrenten nach und nach zu verdrängen. Diese Überlegung wird durch den schon erwähnten Fakt erhärtet, dass die großen Ansammlungen von Mammutknochen ab da plötzlich und dann auch noch sehr häufig auftreten. Zudem findet man genau seit dieser Zäsur regelmäßig die Überreste von Proto-Hunden in der Nähe solcher Fundorte. Die Fähigkeit, mit vertretbarem Risiko regelmäßig Mammute zu erlegen, sollte ein Katalysator unserer Evolution werden.

Der Erfolg unsere Vorfahren basierte nicht auf brutaler Durchsetzungskraft. Es gibt keine Hinweise auf eine kriegerische Auseinandersetzung mit dem menschlichen Konkurrenten, dem Neandertaler. Der Neandertaler wurde vielmehr ein Stück weit integriert. Davon zeugen die bis zu 5% Neandergene in unserem Erbgut. Dasselbe gilt für den anderen unmittelbaren Konkurrenten, den Wolf. Er wurde ebenso integriert. Davon zeugt der Hund, der sich zusammen mit uns über den gesamten Globus außerhalb Afrikas verbreitete. Homo sapiens verstand es, von seinen Konkurrenten zu lernen. Sein Erfolg als Eroberer basierte auf seiner Fähigkeit und Bereitschaft zu lernen gepaart mit Mut und wohl auch einer Portion Abenteuerlust. Ihn zeichnet eine neuartige, eine einzigartige kulturelle und soziale Entwicklungsfähigkeit aus. Das führte zum Prozess der Selbst-Domestikation. Das führte zur Feminisierung seiner Erscheinung und seines Wesens - darauf komme ich in Kapitel 14 zurück. Freundlichkeit und soziale Kompetenz wurden zum evolutionären Trumpf. Homo sapiens war der neue Typ eines Invasoren. Vielleicht lag hier das einzige wirkliche oder zumindest das wichtigste Alleinstellungsmerkmal unserer Spezies in dieser Epoche.

Neandertaler und Homo sapiens

Das äußerte sich auch in der Bereitschaft zu Mobilität. Eine Studie von Wissenschaftlern des Tübinger Senckenberg Instituts aus dem Jahr 2019 bestätigt diesen Eindruck aus einem anderen Blickwinkel. Sie zeigt, dass Homo sapiens das Mammut viel intensiver bejagte als der Neandertaler. Die Tübinger untersuchten den atomaren Fingerabdruck in den Knochen von Neandertalern und modernen Menschen aus der schon genannten Höhle von Goyet oberhalb der Maas, 40.000 Jahre alt. Es ist die einzige Höhle in der man Reste von beiden Menschenarten zugleich findet. Mit einer Isotopenanalyse kann man feststellen, wie der Speiseplan aussah und woher die Nahrung kam - selbst so viele Jahre später. Es zeigt sich, dass Homo sapiens in einem wesentlich größeren Umkreis jagte als der alteingesessene Neandertaler. Dieser jagte nur im unmittelbaren Umfeld seiner Höhle. Hier sehen wir zwei raumbezogene Verhaltensgewohnheiten der Menschengruppen, die ich gleich auch für heutige Wölfe im Norden Kanadas beschreiben werde. Der Neandertaler scheint eher unbeweglich gewesen zu sein. Unsere Vorfahren dagegen hoch mobil, eben Invasoren neuen Typs.

Dem Mammut taten die Jagdgewohnheiten des neuen Menschen auf Dauer nicht gut. *„Es war zu dieser Zeit scheinbar ‚Ernährungstrend‘, sich auf die riesigen, an Kälte angepassten Großsäuger zu spezialisieren"*, sagt Forschungsleiter Christoph Wißing: *„Andere Fundstellen in Europa deuten auf ähnliche Ergebnisse hin."* Die Forscher kommen zum Schluss, dass der Anatomisch Moderne Mensch dem Mammut binnen weniger tausend Jahre sehr viel stärker zusetzte als der Neandertaler es in hunderttausend Jahren getan hatte. Der Druck auf die Mammutpopulation nahm schlagartig zu. Wißing ergänzt: *„Diese*

Herdentiere mit relativ langsamen Reproduktionszyklen wurden vermehrt gejagt, wohl auch von den in größerer Zahl auftretenden, modernen Menschen. Der Einfluss des modernen Menschen auf das Ökosystem war bereits mit dem frühen Auftreten in Europa intensiver als der des Neandertalers." Allerdings war die Bevölkerungsdichte beider Menschenarten immer noch äußerst gering. Somit blieb die Wirkung dieses frühen Raubbaus an der Natur angesichts der riesigen Ökosysteme kaum sichtbar. Vorerst noch.

Welche Rolle der Hund dabei im Detail spielt, ist noch nicht abschließend geklärt. Die Indizien häufen sich, dass er die wegweisende, weichenstellende Rolle spielt, wie sie von Shipman skizziert wird. Bleibt die Frage nach dem Wie. Dazu mehr im nächsten Kapitel.

3 Als Wolf und Mensch ein Bündnis schlossen

Das erste große Bündnis der Geschichte schlossen nicht Menschen untereinander. Es war das Bündnis zweier konkurrierender Spezies, das von Mensch und Wolf. Es war das wichtigste Bündnis der Evolution. Eines von ungeahnter, wegweisender Bedeutung.

Noch einmal besuchen wir den Norden Kanadas. Diesmal aber geht es nicht zu den freundlichen Wölfen auf Ellesmere Island, nicht soweit Richtung Polarkreis. Wir bleiben weiter südlich auf dem Festland. Wir schauen auf die Herden der Rentiere Nordamerikas. „Karibu" so lautet ihr Name aus der Sprache der Mi'kmaq-Indianer, die hier seit Urzeiten leben. Und wir schauen auf zwei Kulturen von Wölfen, deren Leben ganz eng mit dem der Karibus verbunden ist. Diese beiden Kulturen der Wölfe sind äußerlich nicht zu unterscheiden. Selbst Experten können das nicht. Doch verfolgen sie zwei ganz unterschiedliche Lebensentwürfe. Diese schenken uns weitere Hinweise, wie Wolf und Mensch zusammenkamen. Ja, wir erhalten eine konkrete Vorstellung, wie der Wolf uns die Jagd auf das Mammut gelehrt haben könnte.

Robert Wayne ist der führende Biologe in Sachen Erforschung der Evolution des Hundes - zumindest was die Genetik betrifft. Der Professor an der University of California in Los Angeles ist an praktisch allen maßgeblichen Studien zur Entstehung des Hundes beteiligt. Wayne hat sich neben seinem Spezialgebiet, der Genetik in der Evolution, auch mit dem Verhalten heutiger Wölfe befasst, wild lebender Wölfe. Schauen wir mit ihm auf die großen Wanderungen der Karibus und das Verhalten der Wolfskulturen.

Kulturen der Wölfe

Leider kann man die großen Wanderungen der Bisonherden oder des Mammuts heute nicht mehr beobachten. Wirklich frei wandernde Bison- oder Büffelherden, wie noch zu den Zeiten der Indianer in den Great Planes, gibt es nicht mehr. Das Mammut ist längst ausgestorben. Im hohen Norden Kanadas gibt es aber noch wilde Karibus. Die folgen in riesigen Herden über tausende Kilometer dem Ergrünen des Weidelands. Und mit ihnen Wölfe. Es gibt Wolfsrudel, die darauf spezialisiert sind, das ganze Jahr über den Karibus zu folgen. Es sind „ihre" Karibus, die sie gegen andere Beutegreifer verteidigen. Ja es sind ihnen vertraute Karibus, mit denen sie quasi als Hirten wandern. Und es gibt ganz andere Wölfe. Solche, die ihr festes, ortsgebundenes Revier haben. Dort hindurch wandern die Karibu-Herden mindestens zweimal im Jahr. In den Zeiten zwischenrein gibt es genug anderes Wild, um das Rudel durchzubringen. Ihr Vorteil: Kein anderes Lebewesen kennt das Revier so gut wie eben sie selbst. Das ist besonders für die Aufzucht des Nachwuchses ein großer Vorteil.

Robert Wayne hat zusammen mit seinem Kollegen Marco Musiani von der University of Calgary herausgefunden, dass sich die wandernden Wölfe nicht mit denjenigen Wölfen vermischen, die ortsfest ein bestimmtes Revier verteidigen. Das gilt selbst dann, wenn die Karibu-Herden und mit ihnen ihre Hirtenwölfe durch das Revier der standorttreuen Wölfe wandern. Die zwei Wolfsgruppen ignorieren sich - auch sexuell. Sie gehen sich nach Möglichkeit aus dem Weg. Ja, sie sind erbitterte Gegner wenn es um die Beute geht, eben diese Karibus. Verpaarungen gibt es nur extrem selten. So haben sich zwei getrennte Wolfskulturen entwickelt: die Standorttreuen und die Herdenbegleiter. Diese Trennung ist strickt. Infolge haben sich zwei genetisch getrennte Populationen des Canis Lupus herausgebildet. Das konnten Wayne und Musiani nachweisen. Mich erinnern diese zwei Wolfskulturen ein wenig an die Unterschiede zwischen Neandertalern und Homo sapiens, die ich ein paar Seiten zuvor beschrieben habe. Die einen ortstreu, die anderen hoch mobil.

Die ersten Hirten

Robert Wayne greift einen Vorschlag von Professor Wolfgang Schleidt von der Uni Wien auf. Schleidt hat seinerzeit das berühmte Max-Planck Institut für Verhaltensforschung in Seewiesen aufgebaut. Der frühere Assistent von Nobelpreisträger Konrad Lorenz hat schon 1998 in einer wissenschaftlichen Publikation die mit den Herden wandernden Wölfe als Lehrmeister des Homo sapiens beschrieben. Schleidt sieht in solchen Begleit-Wölfen die ersten „Hirten" der Geschichte. Durch das ständige Begleiten und das genaue Beobachten „ihrer" Herden, kannten sie diese ganz genau. Durch das Herausfangen vorzugsweise der kranken und schwachen Exemplare taten sie im Prinzip genau das, was ein guter Hirte für die Pflege seiner Herde auch heute noch tut.

Dieses Verhalten zeigen die Wölfe, die die Karibu-Herden begleiten, ebenfalls. Deren Hirtenverhalten beschreiben Musiani und Wayne exakt so. Neben der Entnahme kranker und schwacher Exemplare bringen solche Wölfe ihren Herden einen weiteren Vorteil. Sie beschützen diese vor anderen Beutegreifern. Schon im eigenen Interesse erlauben die Hirtenwölfe keinem Konkurrenten, sich an „ihrer" Herde zu bedienen. Die jagende Konkurrenz wird vertrieben, die Herde gewarnt, ja beschützt. So entsteht eine langfristig angelegte Win-Win-Situation für Wölfe und Weidetiere.

Leider hat der Mensch die natürliche Umwelt so umfassend für seine egoistischen Interessen in Beschlag genommen, dass für das Wandern großer Büffel-, Bison- oder Karibuherden fast kein Platz mehr auf dieser Erde geblieben ist. Das war einst anders. Die Kaltsteppen der Eiszeit waren voll mit riesigen Herden der Grasfresser. So scheint dieses Szenario durchaus denkbar: Zu den Zeiten, als Homo sapiens die Kaltsteppen Europas erstmals betrat, pflegten bestimmte Populationen der Wölfe bereits seit Generationen ihre Herden quasi wie Hirten. Diese Herden haben ihre Hirten ernährt. Genau diese Überlebensstrategie hat sich der gerade eingewanderte Homo sapiens abgeschaut, die Jagdmethoden, wie von Pat Shipman berichtet, inklusive. So konnten sich unsere Ahnen binnen kurzer Zeit die riesigen Herden als Nahrungsquelle erschließen. Mit diesem Know-how entstanden die Kulturen der Mammutjäger.

Ich komme noch einmal auf George Catlin im ersten Kapitel zurück. Er berichtet von exakt diesen Zusammenhängen aus seinem Leben bei den Indianern der nordamerikanischen Prärie vor 200 Jahren. Er beschreibt große Wölfe, die mit und unter den damals noch üppigen Büffelherden leben. Ein scheinbar friedliches Zusammenleben. Die Wölfe seien den Büffeln so vertraut, dass sich die Indianer mit Wolfsfellen tarnen, um sich besser anschleichen zu können, notiert Catlin. Umgekehrt kennen die Büffel das Verhalten ihrer Wölfe so genau, dass sie sofort spüren, wenn diese in den Jagdmodus umswitchen. Dann ist Schluss mit dem Frieden untereinander. Nun geht es auf Leben und Tod. Jetzt werden als erstes die Kälber bewacht. Ansonsten versucht jeder Grasfresser, seine eigene Büffelhaut vor dem Angriff der Wölfe zu retten.

Ein weiterer zeitgenössischer Bericht erlaubt uns einen Einblick: Um 1800 ließ US-Präsident Thomas Jefferson 2.500 Dollar bereitstellen, um *„intelligente Offiziere mit zehn bis zwölf Männern auszusenden"*, die das Land vom Mississippi bis zum westlichen Ozean erkunden sollten. Dieses Land war der berühmte *„Wilde Westen"*. Die Wahl fiel auf Lewis und Clark, Söhne von Plantagenbesitzern aus Virginia.

Offiziere der US-Army. In ihrem 1805 veröffentlichten Bericht dokumentieren die beiden Offiziere exakt diese Symbiose von Wölfen und ihren Herden. Sie notieren: *„nur selten sehen wir eine Büffelherde, die nicht von einer Gruppe dieser gewissenhaften Hirten begleitet ist, die sich um die Verkrüppelten und Verwundeten kümmerten."* Mit diesen *„gewissenhaften Hirten"* sind wohlgemerkt Wölfe gemeint.

Von Wölfen lernen

Tatsächlich, dieses Verhalten der Wölfe gleicht in allen wesentlichen Punkten der Arbeitsweise eines menschlichen Hirten. Der Hirte hütet seine Herde, beschützt sie vor fremden Beutegreifern. Der Hirte schaut genau hin. Kennt seine Tiere aus dem Effeff. Er sortiert kranke Tiere heraus. Mit Hilfe seiner Hunde treibt er seine Herde in die gewünschte Richtung. Die Herde schenkt ihm Nahrung, Felle und vieles mehr. Auch das Jagdverhalten der Wölfe baut auf den zentralen Elementen des Hütens: Genaues, andauerndes Beobachten der Tiere. Identifikation der individuellen Exemplare in der Herde. Treiben der Herde in eine gewünschte Richtung. Gezieltes Heraussprengen eines einzelnen, über längere Zeit ausbaldowerten, meist geschwächten oder ganz jungen Tieres. Das kollektive Jagdverhalten der Wölfe und das Hüteverhalten der *„Hirten-Wölfe"* bauen auf denselben Verhaltensmustern. Der moderne Hund als Jagdhelfer wie auch die Hunde eines Hirten schöpfen aus exakt diesem uralten Verhaltensrepertoire der Wölfe. Ich werde das später noch anhand des ungekrönten Königs der Hütehunde, dem Border Collie, genauer beschreiben.

Es ist keine Träumerei, dass wir damals zusammengefunden haben. Wolf und Mensch der Eiszeit sind sich beim Suchen, Beobachten und Verfolgen der Herden regelmäßig über den Weg gelaufen. Das gilt als gesichert. Man kam sich bei der Jagd in die Quere. Dasselbe als Verteidiger am erlegten Riss. Beide waren von Hause aus Hetzjäger und jagten im Team. Lebensquellen und Lebensgewohnheiten dieser beiden Spezies waren eng, ja man muss aus heutiger Sicht sagen geradezu schicksalhaft verwoben. Wölfe und Menschen der Altsteinzeit hatten darüber hinaus dieselben sozialen Strukturen als kooperative Großfamilien. In der Kommunikation, die auch bei uns Menschen damals viel weniger sprachbasiert war, verstanden sich beide Spezies problemlos. Es war im nächsten Schritt ein Leichtes, das gegenseitige Verstehen im Prozess der Annäherung, der aktiven Zusammenarbeit zu vertiefen. Solche Annahmen kommen nicht von ungefähr. Sie basieren auf dem neuesten Stand von Archäologie, Psychologie und Neurobiologie, auf die ich auch noch vorstellen werde.

Kommunikative Zwillinge

Wenn wir heute die Gesetzmäßigkeiten des Verhaltens von Menschen, Hunden, Wölfen studiert, können wir hieraus Schlüsse zu ihrem damaligen Verhalten ableiten. Denn die grundlegenden Funktionen sind geblieben. Joint Attention zum Beispiel. Es bezeichnet eine gleichgerichtete Aufmerksamkeit. Wenn ein Individuum irgendwo länger hinschaut, schaut das andere ebenfalls dorthin. Das funktioniert unter uns Menschen sehr gut. Wir haben es schon erlebt: Stellt sich eine Person mitten auf den Marktplatz und schaut steil nach oben. So wird es nicht lange dauern, da schauen andere mit nach oben, ganz intuitiv. Dieses Phänomen, eben *„Joint Attention"* genannt, funktioniert sogar zwischen Hund und Mensch. Das haben mehrere Studien aus Japan, Italien und den USA gleichermaßen gezeigt. Ein weiteres Indiz sind Spiegelneuronen. Wenn eine Person zuschaut wie jemand in eine Zitrone beißt, zieht es auch ihr selbst die Lippen zusammen. Das funktioniert sogar, wenn sie diese Zitrone nur per Bildschirm sieht. Und auch hier feuern die Spiegelneuronen zwischen Mensch und Hund sehr intensiv. Gähnen Herrchen oder Frauchen vor, gähnt der Hund hinterher, um ein weiteres Beispiel zu nennen.

Hunde, wie auch Katzen und Pferde können sich ganz hervorragend in die Gefühle ihrer Menschen hineinversetzen. Der Fachbegriff heißt Empathie, das Mitfühlen. Sie leiden mit, sie freuen sich mit. Am intensivsten ist die Fähigkeit zur Empathie Menschen gegenüber bei Hunden ausgeprägt. Das sind nicht nur Wunschträume tierverliebter Menschen. Die Fähigkeit zu Empathie bei Tieren ist wissenschaftlich belegt. Sie wurde gleich anhand mehrerer Parameter nachgewiesen, so im Verhalten, den Hormone, der Herztätigkeit und schließlich der Aktivität der beteiligten Hirnareale. Und auch diese Fähigkeit wurde noch vor wenigen Jahren als exklusiv menschliche gehandelt: *„Theory of Mind"*, das Hineinversetzen in die Gedanken des anderen. Menschen können das Denken eines anderen mitlesen. Sie können sich zum Beispiel in die Perspektive und Sichtweise einer anderen Person hineinversetzen nach dem Motto: *„Ich sehe, was du siehst."*

Genau diese Fähigkeiten haben Wissenschaftler der Uni Wien bei Hunden nachgewiesen. Das Team unter Leitung von Professor Ludwig Huber machte folgendes Experiment: Hunde durften drei Personen zuschauen. Alle drei schauten in dieselbe Richtung und zwar zur Seite. Zwischen den Personen und dem Hund wird eine hüfthohe Wand als Sichtschutz gestellt. Die Person in der Mitte versteckt dann ein vorher gezeigtes Leckerli unter einer von mehreren Schalen. Der Hund kann nicht sehen, unter welcher Schale das Leckerli versteckt wurde. Und natürlich kann er das Leckerli auch nicht riechen. Von ihrer Blickrichtung konnte ja nur eine der seitlichen Personen die mittlere, also die Person, die das Leckerli versteckt, beobachten. Die andere Person außen, schaute ja von ihm weg. Sie schaute in die abgewandte Richtung und konnte daher nicht gesehen haben, wo die mittlere Person das Leckerli versteckt hatte. Nun wird der Sichtschutz weggezogen. Die beiden Außenstehenden zeigten nun auf eine der Schalen. Jetzt kommt die Perspektivenübernahme durch die Hunde: Diese richteten sich ausschließlich nach der Person, die das Verstecken hatte beobachten können. Die Zeichen der anderen Person wurden ignoriert. Die Hunde folgen gezielt der einen Person und finden ihr Leckerli.

Die Hunde hatten sich also in die Blickrichtung, die Perspektive der Menschen hineinversetzen können. Sie hatten erkannt, wer rein geometrisch, von der Blickrichtung her, etwas und wer nichts wissen konnte. Sie hatten auf diese Art erkannt, welcher Mensch ihnen eine richtige Information überhaupt geben konnte. Mit diesem kooperierten die Hunde sofort.

Diese Fähigkeiten der Kommunikation entstehen nicht aus dem Nichts. Sie war bereits vor 40.000 Jahren angelegt. In dem Zusammenleben zwischen Mensch und Tier haben letztere diese Fähigkeiten vervollkommnet. Sie haben sehr viel mehr kommunikatives Potenzial, als von uns heutigen Menschen erkannt und anerkannt wird. Der Hund spielt hier noch einmal zusätzlich eine Sonderrolle. Unter den Tieren ist sein Niveau des Verständnisses des Menschen besonders stark ausgeprägt. Dieses Verständnis zwischen zwei biologisch nicht näher verwandten Arten hat eine einmalige Qualität. Sie erklärt sich durch den Jahrtausende währenden, gemeinsamen Kampf ums Überleben, die ich hier kurz dargelegt habe. Das hat uns zu kommunikativen Zwillingen werden lassen. Das hat uns zusammengeschweißt.

Durch das Lernen vom Wolf konnte Homo sapiens deren seit Jahrtausenden bewährten Jagdmethoden in Rekordzeit übernehmen und für seine Zwecke anpassen. Aus dem Greenhorn wurde im Rekordtempo der erfolgreichste Mammutjäger aller Zeiten. Der Wolf hat diese Erfolgsstory möglich gemacht. Er war der Lehrmeister. Es ist nicht nur eine Fabel der Naturvölker, wenn sie ihn als Lehrmeister und Ahnen besingen. Die Zusammenarbeit mit dem Hund hat schließlich die kollektive Großwildjagd zur Basis der kommenden Zivilisationen reifen lassen. Durch diese Kooperation konnte Homo sapiens sein

Stressniveau senken und in neuer Weise Kreativität, Kultur, ja Sprache entfalten. Es war geradezu ein qualitativer, alles verändernder Sprung. Mit diesem konnten sich unsere Vorfahren ganz oben an die Nahrungskette setzen. Vom Flüchtling und Greenhorn ganz nach oben und das binnen – nach archäologischen Maßstäben – extrem kurzer Zeit. Eben revolutionär.

Der Neandertaler hatte als erster das Nachsehen. Etliche weitere Spezies ebenso. Und letztlich der wilde Wolf auch. Mit denjenigen Wölfen, die sich den Menschen anschlossen, entwickelte Homo sapiens eine solche Kraft, dass er letztlich seinen alten Lehrmeister in ein Nischendasein schob. Mensch und Hund im Bündnis verdrängten alles, was sich ihnen in den Weg stellte, binnen kürzester Frist. Eine einmalige Erfolgsgeschichte der Evolution nahm ihren Anfang. Beide Spezies sollten sich in großer Zahl in jeden Winkel des gesamten Globus ausbreiten. Hunde gibt es heute überall und das in großer Zahl. Vertreter des invasiven Homo sapiens sowieso. Beide rechnen ihre Zahl in Milliarden. Der Neandertaler starb aus. Der wilde Wolf wurde sehr selten. Er ist in weiten Teilen seines alten Lebensraums ausgerottet worden. Das Werk des Menschen. Der Hund half ihm dabei.

4 Die ersten Feste der Menschheit

Vor gut 10.000 Jahren begann die Epoche von Ackerbau und Viehzucht. Eine Zäsur, die Grundlage unserer Zivilisation. Hunde, Feste und Bier spielten dabei eine entscheidende, bisher völlig verkannte Rolle.

Langsam nähert sich das Ende der großen Epoche der Mammutjäger. Das Klima ist deutlich wärmer geworden. Die einst so imposante Tierwelt der Kaltsteppen hat sich grundlegend gewandelt. Die großen, mächtigen Grasfresser sind verschwunden. Mammut und Wollhaarnashorn sind weitflächig ausgestorben. Die Vegetation ist üppiger geworden. Wald breitet sich aus. Zuerst Nadelhölzer dann Birken. Man muss sich umstellen. Die meisten Spezies der Kaltsteppen schaffen es nicht. Neue Tierarten erobern den gewandelten Lebensraum. Fast alle Tiere, auf denen unsere Vorfahren über Jahrtausende ihre Nahrung und Lebensweise gegründet hatten, sind nicht mehr da. Pferde, Hirsche, Auerochsen, Rehe und Gazellen haben an Bedeutung gewonnen. Die Menschen sind immer noch Jäger und Sammler. Doch sie müssen sich etwas einfallen lassen. Die Folgen sind dramatisch. Diese Menschen stehen an der Schwelle zu einer neuen, epochalen Zäsur.

Die Gegend, die heute fruchtbarer Halbmond genannt wird, ist in diesen Zeiten ein besonders attraktiver Platz zum Leben. Sie wird zum Hotspot dieser wegweisenden Entwicklung. Sie ist damals ein üppiges, fruchtbares Land. Nicht zu warm und nicht zu kalt. Flüsse wie Euphrat und Tigris spenden reichlich Wasser. Tiere und Pflanzen gedeihen. Fast ein Paradies. Vielleicht ist es das Paradies von dem Religionen noch tausend Jahre später schwärmen werden. Heute grenzen hier die Türkei, Kurdistan, Syrien, Irak und Iran aneinander. Genau hier sollte vor gut 10.000 Jahren die neolithische Revolution ihren Anfang nehmen. Hier startet gerade der Übergang der Menschheit von der Epoche der Jäger und Sammler zur Epoche der Ackerbauer und Viehzüchter. Der Start zu einer ganz neuen Rolle des Menschen, eines Menschen, der die Natur mehr und mehr verformen wird, eines Menschen, der schließlich zum härtesten Gegner, ja Zerstörer der natürlichen Umwelt werden sollte, eines Menschen, der sich selbst über der Natur stehend dünkt. Alles begann mit einem Fest.

Das Geheimnis von Göbekli Tepe

Am nördlichen Rand des Fruchtbaren Halbmonds, im heutigen Anatolien, fanden die ersten großen Feste der Menschheit statt. Jedes Jahr im September. Dass wir Feste feiern, ist so alt wie die Menschheit selber. Doch dieses Fest hatte etwas Besonderes. Erstmals kamen unzählige Clans und Stämme der Jäger und Sammler zusammen. Hier feierte nicht mehr nur jeder Clan unter seinesgleichen. Diese engen sozialen Grenzen wurden erstmals durchbrochen. Die Menschen wanderten weite Wege, um gemeinsam mit Fremden zu feiern. Viele sahen sich nur hier, das eine Mal im Jahr beim großen Fest. Und nicht nur das. Auf diesem Hügel haben sich die Menschen einen ganz besonderen Rahmen für ihr Fest geschaffen: monumentale, aus Stein gehauene Bauwerke. Nicht weniger als die ersten Prachtbauten der Menschheitsgeschichte. Sie wurden tausende Jahre früher errichtet als die großen Bauwerke der ersten Hochkulturen wie Babylon, die Pyramiden oder Persepolis.

Die Bauern nahe der Stadt Sanliurfa nennen ihn den Bauchigen Hügel, *„Göbekli Tepe"*. Wie ein Fremdkörper ragt er an höchster Stelle aus der Landschaft. 1994 entschließen sich Wissenschaftler des Deutschen Archäologischen Instituts unter Leitung von Klaus Schmidt zu Ausgrabungen genau dort. Was zum Vorschein kam, ist sensationell. Unter dem Hügel verbergen sich die Reste vorgeschichtlicher Monumente. Sie sind weit älter als alles bisher gefundene. Die älteste Schicht wird auf knapp 12.000 Jahre datiert. Das ist für Archäologen höchst verwunderlich. Zu dieser Zeit waren die Menschen noch nicht sesshaft. Sie kannten keine festen Siedlungen, erst recht keine Städte. Es waren Jäger und Sammler, Nomaden, die dem Wild folgten. Warum dann aus Stein gehauene Monumentalbauten mit bis zu 30 Metern Durchmesser? Manche Säulen sind fünf Meter hoch. Sie tragen Schmuck. Man hat sich extrem viel Mühe gemacht. Säulen, Bögen und Quader sind mit abstrakten Reliefs verziert. Wieder andere tragen große Plastiken. Sie geben detailreich und naturgetreu Tiere wieder. Diese Menschen beherrschten ihr Handwerk. Sie konnten mit Stein meisterlich umgehen. Höchst geschickte Steinmetze mit Stein als Werkstoff und Werkzeug zugleich.

Nichts deutet auf einen Götterkult oder eine Religion hin. Es gibt keine Szenen von Kampf oder Gewalt. Meist sind es Darstellungen von konkreten Tieren aus dem Alltagsleben: Wildschweine, Auerochsen, Wildschafe, Gazellen, Schlangen, Skorpione, Kraniche. Hie und da ein Hund oder vielleicht ein Wolf. Die Anlage gibt Rätsel auf. Normalerweise verortet man solche Bauten 5.000 Jahre später auf der Zeitschiene unserer Evolution. Tempelartige Anlagen entstehen ansonsten vor dem Hintergrund einer ausgereiften Infrastruktur mit großen Städten, Sklaven als billigen Arbeitskräften, Königen und Priestern als Herrscher über Menschen und Anlagen. In Göbekli Tepe war nichts davon. Hier gab es lediglich Monumentalbauten aber keine Wohnhäuser. Die Archäologen finden auch keine Herdstellen oder etwa Nähnadeln oder andere übliche Hinweise auf Sesshaftigkeit. Die entscheidenden Fragen bleiben offen: Wie wurde gebaut und vor allem warum?

Laura Dietrich vom Deutschen Archäologischen Institut und Julia Meister von der Universität Würzburg untersuchten 7.000 Artefakte aus Göbekli Tepe. Es sind die Reste von Gerätschaften, die zur Verarbeitung pflanzlicher Nahrung benutzt wurden: Reibsteine, Mörser, Stößel. Im Ergebnis zeigt sich, dass riesige Mengen an Speisen zubereitet wurden. Da es aber keine nennenswerten Behältnisse für die Lagerung von Nahrung gab, mussten diese Speisen binnen kurzer Zeit für den direkten Verzehr hergestellt worden sein. Solche Anlässe konnten nur große Feste oder rituelle Versammlungen sein.

Bei der Auswertung der Tierknochen gelangten die Archäologen zu ähnlichen Vermutungen. Hier wurden große Mengen an Tieren binnen sehr kurzer Zeit verzehrt. Bis heute haben sie die Reste von 40.000 Exemplaren ausgegraben. Knapp die Hälfte konnte einer Spezies zugordnet werden. 25 Tierarten wurden verzehrt. Die mit Abstand am häufigsten Gazellen, Auerochsen, Pferdeesel und Mufflons. Pferdeesel sind eine heute selten gewordene Pferdeart, die Eseln nahe steht. Mufflons sind die wilden Vorläufer unserer heutigen Schafe. Interessanterweise konnten auch fünf Wölfe oder Hunde und nicht weniger als 21 Falbkatzen, die Vorfahren unserer Hauskatze, identifiziert werden. Sie wurden wahrscheinlich nicht gegessen. Sie hatten eine andere Bedeutung.

Die Tierarten sowie die Beschaffenheit der Knochen machen deutlich, dass die allermeisten vor Ort in der Anlage verzehrt wurden. Anhand von Isotopenanalysen und anhand der Altersschätzung der Individuen, etwa junger Gazellen, kann recht genau bestimmt werden, wann und wie lange die Verzehrorgien stattgefunden haben müssen. Gazellen werden immer im Frühjahr geboren. Sie waren knapp ein halbes Jahr jung, als sie geschlachtet wurden. Das verraten die gefundenen Knochen. Daher muss das Fest in der Zeit von Spätsommer bis Frühherbst stattgefunden haben. Auffällig sind die vielen Knochen von Auerochsen. Es sind vorrangig diejenigen Teile, die besonders schmackhaftes Fleisch tragen. Stücke, die noch heute begehrt sind. Es müssen große Mengen Auerochsen-Steaks verzehrt worden sein. Diese Menschen wussten, sich zu laben. Zusammen mit den frisch zubereiteten Kräutern, Gemüsen, Getreidefladen müssen es echte Festmahle gewesen sein.

Bier der Steinzeit

Nicht nur das. Hier fanden richtige Gelage statt. Denn es kommt noch eine Zutat hinzu: Das Trinken von Alkohol. Dieses Rätsel wurde 2019 mit Hilfe von Brauerei-Experten des Forschungszentrums Weihenstephan gelöst. Man hatte 6 große Amphoren gefunden. Sie waren aus Felsstein gehauen und fassten jeweils bis zu 160 Liter. Im Inneren fand man Ablagerungen. Nun analysierten die Brauerei-Experten, dass diese Ablagerungen Bierstein sind, in der Fachsprache Oxalat genannt. Das entsteht beim Brauen und Lagern von Bier. Man trank also Bier - in großen Mengen. Die Voraussetzungen zum Brauen eines Bieres waren jedenfalls vorhanden. Das belegt der erste Ansatz von Ackerbau der Menschheit. Denn in dieser Gegend liegt die Geburtsstätte der ersten domestizierten Getreidesorten: Gerste, Emmer und Einkorn. Kein Zufall. Wahrscheinlich wurde dieses Getreide zielgerichtet für das große Fest angebaut. Denn hieraus lässt sich gutes Bier brauen. *„Ich habe einmal ein Bier aus experimentell angebautem Einkorn trinken dürfen. Es hat gut geschmeckt, auch durchaus vertraut, aber es war nicht so stark wie ein klassisches Pils. Das Bier, das am Göbekli Tepe gebraut wurde, war aber sicher noch deutlich schwächer, wahrscheinlich sogar eher wässrig."* Das berichtet Jens Notroff, wissenschaftlicher Mitarbeiter im Göbekli Tepe-Projekt des Deutschen Archäologischen Instituts.

Die Fachleute schätzen, dass sich in diesen prähistorischen Bauten Jahr für Jahr zwischen 500 und 1.000 Menschen versammelt hatten. Und genau das war der Zweck des Ganzen: Die Versammlung der Menschen, die ansonsten das ganze Jahr über isoliert, weit draußen und in kleinen Gruppen jede auf sich gestellt, lebten und jagten. Es muss ein großartiges, erhabenes Gefühl gewesen sein. Alleine schon

1.000 Menschen auf einen Haufen zu erleben. Für uns heute sind Versammlungen in solcher Größe keine Besonderheit. Damals war das anders. Die Menschen kannten normalerweise nicht mehr als dreißig, vielleicht achtzig Menschen auf einmal. Eben soviele wie bei den Versammlungen ihres Clans oder Stammes zusammen hockten. Hier in Göbekli Tepe kamen Hunderte, ja tausend Menschen aus allen Himmelsrichtungen zusammen. Es waren die Delegationen aller Stämme. In ihrem Gesichtskreis die Menschen aus aller Welt. Die ganze Menschheit feierte vereint ein Fest.

Das erste Gespräch mit Fremden

Wahrscheinlich herrschte eine enorme Vielfalt an Kleidung, Schmuck, Tattoos, Körperbemalungen. Jeder Stamm hatte seine eigene Sprache, seine eigenen Totems und Ausdrucksformen. Trotzdem haben die Menschen untereinander die richtige Sprache gefunden. Es wurde gemeinsam gegessen, gesungen, getanzt. Es ist ein herrliches Gefühl, zusammen in einer großen Gruppe zu singen. Gemeinsames Singen hat eine sehr positive gesundheitliche Wirkung. Es stärkt das In-group-Gefühl, schweißt zusammen, baut so Stress ab. Selbst der moderne Mensch sucht dieses archaische Erleben des Zusammenseins in der großen Masse seines Gleichen bei Sportveranstaltungen, bei den Spielen um einen Pokal, bei Rock-Konzerten, bei Demonstrationen oder schlicht im Kirchenchor.

In dieser Zeit wurden die Grundlagen aller modernen Zivilisationen geschaffen. Es waren zunächst einmal die mentale, psychische, kulturelle Kategorien, die Fähigkeit und das Bedürfnis, über den eigenen Clan hinaus mit Fremden in Kontakt zu treten. So schuf man die ersten übergreifenden sozialen Strukturen. So wurde Sprache höherentwickelt. Mit Fremden zu kommunizieren, fordert eine neue Leistungsfähigkeit von Sprache. Es muss eine Sprache mit einem hohen Abstraktionsvermögen sein. Denn es sollen mit ihr Ereignisse ausgetauscht werden, die die Gesprächspartner nicht selbst miterlebt hatten, die Monate und mehr zurücklagen. Zugleich wurde der Handel höherentwickelt. Die Menschen öffneten sich für Sprache und Kultur der Anderen.

Ihren Anfang hatte diese Entwicklung 30.000 Jahre zuvor mit der Paläolithischen Revolution genommen. Hier hatte sich der Gesichtskreis der eingeschworenen Kleingruppe ein erstes Mal geöffnet. Und zwar gleich einer anderen Spezies gegenüber, dem Wolf. Auch hier mussten sich die Menschen in die neuen Mistreiter hineinversetzen können, deren Sprache immer besser verstehen lernen, dessen andere Gewohnheiten respektieren.

Wie jage ich auf Vorrat?

Die Archäologen vermuten, dass in dieser Epoche die ersten Felder der Menschheitsgeschichte entstanden. Solche Felder waren quasi just for fun. Es ging um das Bier und das Essen, es ging um ein beeindruckendes Fest. Daran hing nicht das Überleben. Der Ackerbau entstand zunächst einmal als eine Art Hobby. Mit der Zeit wurden besonders üppige natürliche Vorkommen der Getreide, Kräuter, Gemüsepflanzen gehegt und gepflegt, kultiviert. Vor 10 bis 12.000 Jahren, sind genau dort die ersten domestizierten Pflanzen der Geschichte nachweisbar. Die Menschen hatten begonnen, aktiv steuernd in das Geschehen der Natur einzugreifen.

Das eine sind Pflanzen, das andere sind Tiere. Wilde Pferde oder wilde Auerochsen unter Kontrolle zu bringen, ist eine größere Herausforderung. Sie sind nicht so leicht händelbar wie ein Samenkorn. Man kann sie auch nicht einfach in ein Gatter sperren – zumal wenn man kein Gatter hat. Stacheldraht und Elektrozäune, wie wir es als selbstverständlich kennen, kamen erst viel später. Und wie sollte das zu Fuß aussehen? Das Pferd als Reittier kam erst 6.000 Jahre später.

Wie kann also so etwas wie Vorratswirtschaft bei Tieren, Viehhaltung, entstehen?

Die steinzeitlichen Jäger kannten schon immer die Bewegungen der Herden ihrer Beutetiere sehr genau. Sie hatten sie gelernt diese mit Hilfe des Hundes zu beeinflussen, ja wie Hirten zu steuern. Sie wussten ganz genau, wo der beste Ort war, eine Gazelle, ein Mufflon oder einen Auerochsen zu erlegen. Das treiben vor eine Felswand. An einen Sumpf oder in ein Tal war fester Teil der Jagd. Inzwischen waren Hunde und Menschen über die Jahrtausende zu einem perfekten Team gereift. Daran änderte sich nichts als sich Klima, Vegetation und Wild änderten.

Die Region des fruchtbaren Halbmondes ist heute weitgehend entwaldet, karg, steinig, heiß. Geblieben ist der Zuschnitt der Landschaft. Neben Ebenen sehen wir Gebirge mit weiten und teils schroffen, felsigen Tälern. Solche Täler, zumal wenn sie nahe Göbekli Tepe lagen, waren der ideale Ort für die Vorbereitung einer besonders ertragreichen Jagd. Wie gemacht für das große Fest.

Normalerweise erlegten steinzeitliche Jäger nur soviele Tiere, wie der Clan zeitnah verzehren konnte. Für die Beschaffung außergewöhnlich großer Mengen an Fleisch – und das termingenau für das Fest – mussten sie sich neue Methoden einfallen lassen. Diese Methoden sollten der Start in die Viehhaltung werden. Die Jäger trieben eine wilde Herde schon einige Zeit vor dem Start des Festes in ein geeignetes Tal. Sie wussten genau, welches Tal für welches Wild am besten geeignet war. Zahlreiche Orte sind Archäologen bekannt, wo solche Treibjagten stattgefunden haben. Meist waren es Täler, die irgendwie als Sackgasse endeten etwa durch eine steile Felswand, einen reißenden Fluss, einen Bergsee. Dort wurden die Huftiere mangels Fluchtoptionen zu einer leichten Beute.

Treibjagden waren damals anders. Das Pferd als Reittier macht den entscheidenden Unterschied. Die Menschen waren nicht schneller als ihre Füße sie trugen. Ihr Trumpf waren die Hunde. Die potenzielle Beute war viel mobiler als die Menschen. Pferd, Gazellen oder Kletterkünstler wie das Mufflon. Die Beute war sehr wehrhaft wie das Auerrind. Solche Treibjagden waren eher still und auf Tage angelegt. Nach und nach wurde die Herde in das gewünschte Tal gedrängt – mit leichtem Druck, ohne dass die Tiere es richtig bemerken oder gar in Panik geraten. Exakt wie Schäferhunde und Hirten noch heute eine Herden steuern. Man ließ sie dort, in der Falle am Ende eines Tals, noch eine Weile unbehelligt grasen. Bis das Fest nahte. Zum passenden Termin ging die eigentliche Jagd los. Dann wurde ein dutzend Tiere auf einmal geschlachtet. Leichte Beute, denn sie waren längst in der Falle. Die Festgesellschaft sollte termingerecht beliefert werden. Stolz wird der Clan die reiche Beute präsentiert haben: ein dutzend Gazellen oder fünf Auerochsen auf einmal - mit Hilfe der Hunde. Eine solch konkrete Darstellung ist spekulativ. Dass es sich so oder ähnlich zu dieser Zeit abgespielt hat, hingegen nicht.

Dieser Übergang vollzog sich in kleinen Schritten, schleichend über Generationen hinweg. Schaf und Ziege wurden zu in dieser Zeit als erstes unter die Fittiche des Menschen genommen. Das bestätigt eine Studie des Max-Planck-Instituts für Menschheitsgeschichte im April 2021. Und ein weiteres, mächtiges Tier, das Rind gelangte unter die Kontrolle des Menschen. Genauer sein Ahne, der Auerochse. Heute ist der Auerochse, auch Ur genannt, in seiner Wildform ausgestorben. Es existiert jedoch in unseren Kühen und Mastrindern weiter. Hätte der Mensch auch nur eine dieser Tierarten ohne die Hilfe des Hundes managen können - wohlgemerkt damals noch die wilden Vorfahren? Sollte er einer Gruppe Mufflons in schroffem Gebirge hinterherlaufen? Hätte er fliehenden Wildpferden den Weg abschneiden können - zu Fuß? Hätte er einer Herde Auerochsen so imponiert, dass diese ihren Weg ändern würde? Wie lächerlich hätten solche Versuche aussehen müssen. Aber er war ja nicht alleine. Der Mensch hatte seine erprobten Gefährten. Sie begleiten uns noch heute, die Hütehunde der Hirten. Ohne die aktive Mitarbeit der Hunde hätte der Mensch die Viehhaltung nicht entwickeln können. Noch heute öffnen uns Hütehunde einen Blick in diese Phase der Menschheit. Mit ihnen können wir ganz plastisch erleben, wie der Start in die Viehhaltung funktionieren konnte. Das zeigt keiner besser als der ungekrönte König der Hütehunde, der Border Collie.

Großmeister des Hütens

Der Border Collie hütet noch heute seine Herde auf Basis der Jagdmethoden eines Wolfes, die wir in Kapitel 3 vorgestellt haben. Nur sind die Verhaltensmuster des Collies auf das Hüten beschränkt. Es ist ein abgebrochenes, nicht bis zum tödlichen Ende durchgezogenes Jagen, das solche Hütehunde auszeichnet. Den arbeitenden Border Collie können wir als quick lebendige Demonstration des vollzogenen Übergangs vom Jagd- zum Hütehund verstehen. Und er kann noch mehr. Ein Border Collie besticht immer wieder durch seine begrifflichen Fähigkeiten aus der Welt des Menschen. Border Collies sind die Weltmeister im Lernen und Erschließen der menschlichen Sprache. Einzelne Hunde schaffen es, 2.000 Begriffe zu lernen, korrekt zuzuordnen, sich neue Begriffe selbständig zu erschließen. Das liegt bereits in der Größenordnung durchschnittlicher Menschen. Solche auf den Menschen orientierte Fähigkeiten sind das Produkt dieser langen Koevolution. Sein Drang, für seinen Menschen alles zu geben, ist extrem ausgeprägt. Man nennt es den *„Will-to-please"*. Es ist faszinierend, diese Hunde bei ihrer Arbeit zu erleben:

Im Border County an der Grenze von England zu Schottland, der Heimat dieses Collies, nennen die Menschen ein gutes Hüteverhalten *„Sheep Sense"*. Zunächst erwirbt sich der Border Collie Autorität bei den Schafen. Er fixiert mit weit nach vorne gestrecktem Kopf und zur

Spitze hin tief abgesenkter Körperhaltung seine Schafe. Dieses Fixieren entspricht der Haltung, die ein Wolf unmittelbar vor dem Sprint zum Ergreifen seiner Beute zeigt. Er darf dieses Fixieren aber nicht übertreiben, sonst bekommen es die Schafe mit der Angst und brechen in Panik aus. Balance nennt man dieses genau ausgewogene Verhältnis zwischen Druck und Lockerheit gegenüber der Herde. Als Cast bezeichnet man schließlich den Bogen, den der Collie um die Herde schlägt, mit dem er sie quasi in Form bringt und zum gewünschten Ort treibt. Fixieren, Balance, Cast leiten sich direkt aus dem Hirtenverhalten des Wolfes ab.

Irgendwann wird der Gedanke gereift sein, dass engmaschig kontrollierte Herden auch unabhängig vom großen Fest in Göbekli Tepe durchaus praktisch sind. So wurden die Menschen ein Stück weit unabhängig von den Schwankungen des Jagdglücks. Vielleicht war es schlicht bequemer, eine Herde so zu manipulieren, dass sie nicht so weit weg lief. Doch die Hochzeiten der Viehhalter waren schnell vorbei. Der Ackerbau entwickelte sich schnell und vertrieb die Viehhirten von den fruchtbarsten Böden.

5 Ohne Katzen keine Vorräte

Die schönsten Vorräte nutzen nichts, wenn sie Mäusen zum Opfer fallen. Zum Hund gesellte sich vor mehr als 10.000 Jahren eine weitere Helferin der Menschheit. Eine, deren grundlegende Bedeutung heute ebenfalls verkannt wird: Eine Hommage an die Katze.

Auf jedem Bauernhof eine Katze, meist mehr. Noch vor kurzem gehörten Katzen zum unverzichtbaren Inventar eines jeden landwirtschaftlichen Betriebs in Europa. Mäuse fangen war ihr Job. Und in aller Regel war genau das auch ihr einziger. In der modernen Agrarindustrie mit klinisch abgeschirmten Ställen braucht man sie nicht mehr, Mäusefänger. Denn Mäuse gibt es dort auch nicht mehr. Echtes Tierleben hat in der modernen Agrarindustrie sowieso keinen Platz. Sterile Mastturbomaschinen ohne jeden Respekt vor dem Leben.

Dafür haben Katzen einen neuen Platz gefunden. Sogar sehr viele Plätze. Die leisen Pfoten sind zum beliebtesten Haustier der Deutschen geworden. Knapp 15 Millionen Schmusetiger leben mit uns. Alleine in Deutschland. Katzen rangieren auf Platz eins, noch vor dem Hund. Ganz früher, vor unserer Zeit, war die Rolle der Katze eine ganz andere. Ihre Bedeutung war elementar, überlebensnotwendig. Ohne sie wären die Ernten des Ackerbaus immer in Gefahr gewesen. Kein Getreide, kein Mehl, kein Brot - Hunger. Das war über tausende Jahre die brutale Realität unserer Vorfahren. Aber sie hatten ja die Katze. Die passte auf die Vorräte auf. Nicht nur der sprichwörtlich treue Hund hielt uns die Treue. Auch die Katze.

Heute schätzen wir sie nur noch als Schmuserin, als charmante, selbstbewusste Mitbewohnerin. Wir erfreuen uns an ihrem Schnurren, genießen mit ihr das Kraulen im flauschigen Fell, selbst wenn hie und da mal eine Kralle ausfährt. Vogelschützer haben ein ambivalentes Verhältnis zu ihr. Denn: Wenn sie Freigang haben, jagen Katzen immer noch, zumindest fast alle. Die Katze ist ein Beutegreifer. Das vergessen wir manchmal. Früher war es genau das, was man an ihr schätzte. Die fleißige Fängerin von Mäusen. Wenn die Katze eine Maus, vorsichtig gefangen zwischen ihren spitzen Zähnen noch lebend, in die Wohnung bringt, werden wir an ihre alte Rolle erinnert. Und zuweilen ist es auch ein Spatz oder eine Meise. Spätestens, wenn der verletzte Vogel unter die Couch flüchtet oder die halbtote Maus hinter dem Schrank verschwindet, ist das Thema für uns im wahrsten Sinne sehr lebendig geworden.

Wir wissen noch ganz nicht genau, warum Katzen ihre Beute, meist noch lebend, zu uns in die Wohnung tragen. Vermutlich suchen sie instinktiv einen sicheren Ort, wo sie ihre Beute in Ruhe verspeisen können. Es könnte der Brutpflegetrieb eine Rolle spielen. Die Katze bringt die Nahrung zu ihrer Familie. Und das sind heute wir. Katzen haben sich an uns Menschen und unsere Wohnungen gewöhnt. Viel tiefer, als wir gemeinhin denken. Katzen waren schon in der Antike geschätzte Partner, bei den alten Ägyptern zum Beispiel. In unserem Kulturkreis ist die Katze als Begleiterin eine ganz neue Erscheinung. Aber mit einer steilen Erfolgsgeschichte. Das wundert kaum. Sie erfreut uns mit ihren eigenwilligen Gewohnheiten. Sie entspannt uns, hilft uns, Stress abzubauen. Sie hilft, unsere Arbeitskraft zu regenerieren. Sie ist eine charmante Partnerin, spendet Entspannung, sogar Geborgenheit.

Die soziale Natur der Katze

Dabei gilt die Katze als eigenständig, ja unnahbar. Ihr starker Wille macht sie spannend, fordert uns heraus. Sie ist keine Partnerin, die sich beherrschen lässt. Man kann sich mit ihr arrangieren. Man kann mit ihr innige Freundschaften knüpfen. Aber immer auf Augenhöhe. Katzen wissen was sie wollen. Und sie wissen genau, wie sie ihren Willen bekommen. Kurt Tucholsky prägte den Satz „Hunde haben Herrchen, Katzen haben Personal". Allerdings sind Katzen ihren Menschen durchaus zugewandt. Selbst in der Wissenschaft galt die Hauskatze lange als eher unsozial. Uninteressiert am Menschen. Personal, Dosenöffner - ja. Aber eine emotionale, echte Bindung zu ihrem Menschen? Die Wissenschaft winkte ab. Katzenfreundinnen und -freunde wissen längst, wie innig und eng sich ihre Stubentiger binden können. Das spüren wir. Und Katzen zeigen es sehr deutlich - wenn sie es wollen. Sie schmiegen sich an. Nicht nur wenn sie etwas von uns wollen. Sie genießen es demonstrativ, gekrault zu werden. Sie genießen die emotionale Bindung zu uns.

Mein Kater Fridolin und ich hatten eine sehr enge Bindung. Wir haben täglich miteinander geschmust. Und es hat uns beiden gut getan, unsere Seelen gestreichelt. Fridolin folgte mir draußen wie ein Hündchen. Aus sich heraus; ich hatte ihn nie darum gebeten. Ich konnte sogar mit ihm sprechen, natürlich auf spezielle, katzen-taugliche Art. Wenn ich ihn bat, zu kommen, kam er. Meistens. Wenn er etwas wollte, jaulte er auf bestimmte Weise. Und das unterschiedlich je nach Wunsch. Gerne ließ sich der schwere Kater auf meiner Schulter tragen. Er schien die Aussicht und das Prestige an diesem hervorgehobenen Ort zu genießen. Auch für mich war es ein warmes Gefühl, selbst wenn er hie und da die Krallen ausfuhr, um sich festzuhalten. Es war eine herrliche Freundschaft. Bindung pur.

Nun haben Wissenschaftler erste Belege für dieses Potenzial sozialer und emotionaler Bindung vorgelegt. Dazu nutzten sie den „*Fremde Situation Test*", der in den 1970er Jahren von der Psychologin Mary Ainsworth entwickelt wurde. Mit diesem heute umfassend erprobten Verfahren kann man recht zuverlässig die Qualität der Bindung eines Kindes zu seiner Mutter einschätzen. Es geht um sichere, unsichere, desorganisierte Bindungstypen. Inzwischen hat man diesen Test bei Hunden ausprobiert. Das Ergebnis: Hunde zeigen ähnliche Verhaltensweisen zu ihrem Frauchen oder Herrchen, wie die menschlichen Kinder zu ihren Müttern. Die Bindung untereinander scheint nach denselben Prinzipien zu funktionieren, wie unter Menschen. Das war schon bemerkenswert genug. Aber bei Katzen? Die Forschung brauchte lange, um sich dieser unserer beliebtesten nicht-menschlichen Mitbewohnerin zuzuwenden. Das Ergebnis schien zudem eh klar. Das Vorurteil hält sich immer noch hartnäckig, dass Katzen keine enge emotionale Bindung zu uns Menschen entwickeln. Doch die Forscherinnen um Monique Udell von der Oregon State University in den USA taten es. 2019 testeten sie Katzen nach der Methode von Mary Ainsworth. Und tatsächlich: Die Katzen zeigten exakt dasselbe Bindungsverhalten wie Kinder und Hunde. Die soziale Rehabilitation der Katzen und ein wichtiger Beleg für ihre sozialen Kompetenzen.

Ein weiterer Beleg kommt aus Japan. An der Kyoto Universität testeten Wissenschaftler, ob Katzen ihren eigenen Namen kennen. Sie ließen 25 bekannte Begriffe von einem Tonband vorsprechen, darunter der Name der Katze. Dabei beobachteten sie deren Reaktion. Die Katzen horchten deutlich erkennbar auf, wenn ihr Name ausgesprochen wurde. Das heißt, sie identifizierten sich mit ihrem Namen. Sie erkannten in diesen menschlichen Lauten, dass konkret sie gemeint waren - auf Japanisch.

Wenn wir auf die gemeinsame Vergangenheit von Menschen und Katzen schauen, wundern solche Ergebnisse kaum mehr. Wir leben einfach schon so unvorstellbar lange zusammen. Unser Schicksal ist viel intensiver und länger miteinander verknüpft als gemeinhin angenommen wird. Unsere gemeinsame Geschichte begann schon mit den Anfängen des Ackerbaus. Das war, wie oben beschrieben, vor etwa 10.000 Jahren. Dieser epochale Sprung unserer Evolution startete im bereits erwähnten Gebiet des Fruchtbaren Halbmondes. Die Geschichtsschreibung notiert mit Stolz diesen entscheidenden Schritt vorwärts in die moderne Zivilisation. Doch ein Fakt wird regelmäßig verschwiegen: Diesen Schritt schafften unsere Vorfahren nicht alleine. Bis Ackerbau zur Lebensgrundlage werden konnte, brauchte er viele tierische Helfer. Hunde auch. Sie bewachten Besitz und hüteten Viehherden. Aber längst nicht nur Hunde wurden gebraucht. Vielleicht stehen die Hunde in diesem Abschnitt der Geschichte dem Pferd, dem Zugochsen und insbesondere der Katze in ihrer Bedeutung sogar nach.

Mäuse fressen die Ernten weg

Die Geschichte der Hauskatze beginnt mit einem ganz banalen Problem nach der Ernte. Lassen sie uns einen Blick zurück in die Zeit werfen, als Ackerbau bereits zur Lebensgrundlage der Menschen geworden war. Vor 7.000 Jahren: Die kleine Stadt am Euphrat, deren Namen wir heute nicht mehr kennen, ist binnen weniger hundert Jahren schnell gewachsen. Sie ist von fruchtbaren Böden umgeben. Über Generationen wurde ein effektives System von Kanälen angelegt. So wird das Wasser für weite Flächen nutzbar gemacht, Schwankungen reguliert. Riesige Flächen fruchtbaren Landes konnten so erschlossen werden. Drei Ernten werden jedes Jahr eingefahren. Eine hochentwickelte Landwirtschaft ist entstanden. Die Menschen leben gut. Sie vermehren sich schnell. Auch dieses Jahr ist alles gut gegangen. Die alljährlichen Überschwemmungen hielten sich in Grenzen. Regen, nicht zuviel und nicht zuwenig, genug Sonne, alles zur rechten Zeit.

Eine üppige Ernte wurde eingefahren. Das Getreide geerntet und von Hand gedroschen. Die Körner von der Spreu getrennt. Dann in Jutesäcke gepackt. Das meiste kann, wie immer, nicht gleich verbraucht werden. Außerdem müssen die Vorräte für den Winter angelegt werden. Jetzt steht die Lagerung des Getreides an. Dafür hat die Stadt trockene, gut belüftete Lagerhallen gebaut. Mühsam wird die Ernte, Sack für Sack in diese Hallen geschleppt.

Es ist das Los des Ackerbaus, dass es eine, zwei, hie und da auch drei Ernten gibt. Dazwischen nichts. Nichts Wesentliches jedenfalls. Vielleicht geben die Bauerngärten etwas Gemüse her. Die Jagd liefert etwas Fleisch. Doch für die schnell wachsenden Städten bei weitem zu wenig. Es gibt kein wirkliches Zubrot, das große Ernteverluste ausgleichen könnte - zumindest nicht für so Viele. Ackerbau hat uns Menschen in eine neue Abhängigkeit gebracht. Inzwischen war die Bevölkerung massiv angewachsen. Zugleich waren die Jagdgründe in einem weiten Umkreis um die Siedlungen herum nach und nach ausgezehrt. Viehhaltung konnte in der Region nur beschränkt ausgeweitet werden. Denn die fruchtbaren Böden hatten unsere Vorfahren immer weiter unter dem Pflug genommen. Das ging immer auf Kosten der nomadisierenden Viehhalter. Die Völker hatten sich längst in Viehhalter und Ackerbauern aufgespalten. Die Viehhalter wurden immer weiter weg von den fruchtbaren Böden vertrieben. Man war sich nicht freundschaftlich gesonnen. Die Agrarkulturen mussten also Vorräte anlegen, die eine Stadt mindestens bis zur nächsten, besser bis zu übernächsten Ernte ernähren konnten.

Soweit so gut. Die Ernten gaben es locker her - meistens. Aber was passiert mit der Ernte in den randvollen Lagerhallen? Solch konzentrierte Nahrungsvorkommen sprechen sich herum. Nicht nur unter Menschen. Sie locken ungebetene Gäste an. Zumal, wenn die Vorräte in unbestechlicher Regelmäßigkeit nach jeder Ernte wieder neu angelegt werden. Ganze Tierarten, ja sogar Pflanzen und Pilze spezialisieren sich auf diese neue Nahrungsquelle. Das Getreidelager als Biotop. Ein neues Überlebensmodell war entstanden. Mäuse, Insekten und andere Schädlinge laben sich an den Vorräten der Menschen. Den Rest machen sie durch ihren Kot und zuweilen giftige Keime auch noch ungenießbar. Das noch bis vor wenigen Generationen verbreitete Mutterkorn zählt dazu. Der gleichnamige Pilz kann tödlich sein.

Mäuse waren die ersten, die dieses neue Biotop eroberten. Mit im wahrsten Sinne des Wortes katastrophalen Folgen: Hungersnöten. Schon die Bibel berichtet im Alten Testament von Mäuseplagen und durch sie hervorgerufene Hungersnöte, die ganze Nationen zugrunde richteten. Solche Nager können sich explosionsartig vermehren. Die vier bis acht Mäusewelpen pro Wurf sind binnen acht Wochen selbst schon wieder geschlechtsreif. Bei guter Ernährung dauert es danach ganze 21 Tage bis zum ersten eigenen Wurf des jungen Nachwuchses. Unter günstigen Bedingungen kann ein Mauseweibchen achtmal im Jahr werfen. Und wo sollten die Lebensbedingungen besser sein als in einer gut gefüllten Kornkammer? Mildes, warmes Klima, dazu trocken und gut belüftet. Der Tisch ist überreichlich gedeckt. Ihren minimalen Wasserbedarf deckt sie aus der Feuchtigkeit der Körner. Unter solchen Bedingungen vervielfacht sich die Mäusepopulation binnen Wochen. Sie werden eine Plage. Man muss kein überdurchschnittlich guter Schüler in Mathe gewesen sein, um sich vorzustellen, welche Heerscharen an kleinen Nagern über die Vorräte der ersten Bauern hergefallen sind. Binnen weniger Wochen waren die lebensnotwendigen Vorräte dahin.

Dummerweise ist Getreide die Lieblingsspeise der Maus. Und dummerweise deckt das natürliche Verbreitungsgebiet der wilden Ahnen unserer Hausmaus komplett die Regionen ab, wo der Ackerbau seinen Anfang nahm. Das war zum Beispiel in Südamerika anders. Die Inkas musste sich keine Sorgen um Mäuse machen und ebenso wenig die ersten Bauern Amazoniens. Dort gab es von Natur aus keine so effektiven Schmarotzer an den Getreideernten. Bei den ersten Bauern Eurasiens war das anders. Mäuse (Mus musculus domesticus) waren allgegenwärtig und folgten den Bauern wie ein Schatten wohin immer sie zogen. Und selbst wenn die Mäuse nicht gleich mit den Menschen ankamen. Selbst wilde Mäuse entdecken das neue Biotop blitzschnell.

Bis dato wild lebende Mauspopulationen erschließen sich diese neue, üppige Nahrungsquelle „Vorrat" sehr konsequent und extrem schnell. Sie stellen sich sogar genetisch auf die ökologische Nische Mensch ein. Die Ersetzung der Wildform durch die quasi domestizierte Hausmaus funktioniert binnen weniger Maus-Generationen - auch heute noch. Das vollzieht sich so zuverlässig, dass Archäologen die Vorkommen der Mäuse als Beleg für die Existenz von Ackerbau in einer prähistorischen Kultur nutzen. Dazu schauen sich die Experten lediglich die Backenzähne der Mäuse an. Man kann anhand dieser Zähne die Wild- von der Hausmaus zuverlässig unterscheiden. Wissenschaftler aus Israel und Frankreich haben diese Methode bereits bei 14 Ausgrabungen angewandt. Immer dann, wenn Ackerbau betrieben wird, zeigen sich die typischen Vorkommen der Kulturfolger-Maus, die die Vorkommen der Wildform ersetzen. Und das binnen extrem kurzer Zeit. Der Fund von Resten der Hausmaus gilt inzwischen als sicherer Indikator für Getreideanbau. Das gilt selbst dann, wenn dieser in den Jäger- und Sammler-Kulturen nur nebenbei betrieben wurde. Das im vorigen Kapitel beschriebene Göbekli Tepe ist so ein Fall. Sam Wong, Redakteur des Magazins New Scientist, bringt es auf den Punkt wenn er schreibt, dass *die Mäuse bis zur Domestikation der Katze ein recht sorgenfreies Leben hatten.*"

9.500 Jahre Hauskatze

Das sorgenfreie Leben der Mäuse sollte allerdings ein Ende finden. Die Menschen bekamen Hilfe. Vierbeinige Hilfe: Klar, unsere Katze.

Schnell erkannte sie ihre Chance im Umfeld der Menschen. Schnell entwickelte sie sich zu einem zuverlässigen Mäusejäger in den Lagern der Ackerbauern. Schnell erwarb sie sich somit ein hohes Ansehen unter den Menschen. Aber es waren natürlich noch nicht unsere heutigen Schmusekatzen. Als ihr wilder Vorfahre gilt die Falbkatze. Alle unsere Hauskatzen stammen von der Falbkatze ab. Wilde Falbkatzen leben noch heute schwerpunktmäßig im süd-östlichen Mittelmeerraum, ansonsten auf Sardinien und Korsika. Sie sind sehr selten geworden. Die damals recht häufige Falbkatze eroberte sehr schnell die neue, reiche Nahrungsquelle in den Lagerhäusern der Menschen. Es spricht vieles dafür, dass sich Falbkatzen bereits mit Beginn des Ackerbaus dem Menschen anschlossen. Der Ackerbau hatte das neue Biotop *„Getreidevorräte"* hervorgebracht und schließlich das Biotop *„Mäuse in den Vorratskammern"*. Unsere Hauskatze ward geboren.

Das älteste bisher gefundene Fossil einer domestizierten Katze ist 9.500 Jahre alt. Es wurde auf der Insel Zypern, also in der Region des Fruchtbaren Halbmonds, ausgegraben. Diese Katze zeigte bereits eindeutige Domestikationsmerkmale in ihren Knochen. Das heißt, Katzen müssen schon über etliche Generationen in diesem neuen Biotop gelebt haben, damit sich das im Knochenbau ablesen lässt. Das Alter dieser Katze passt perfekt zu der Bedeutung, die sie für den Erfolg des Ackerbaus hat. Es ist ein besonderes Grab nicht nur deswegen. Hier wurde ein Mann gemeinsam mit seiner Katze bestattet. Beide wurden sorgsam aneinander gelegt. Zeugnis einer tiefen Verbindung über den Tod hinaus. Ein Zeugnis des Respekts, den unsere Ahnen ihren Tieren entgegen brachten.

Die Domestikation der Katze startete also unmittelbar mit den Anfängen des Ackerbaus. Die Bauern des Fruchtbaren Halbmondes, die Mesopotamier wie die ersten Ackerbauern des Nil-Deltas vertrauten von Beginn an auf die Hilfe dieser Beutegreifer. Sie mussten ihnen vertrauen. Den Menschen blieb nichts anderes übrig, wollten sie ihre lebenswichtigen Vorräte schützen. So wundert es nicht, dass die Falb- oder Hauskatze im alten Ägypten ein so phänomenal hohes Ansehen genoss. Die Kultur der Ägypter gründete auf dem Nil, der mit seinen regelmäßigen Überschwemmungen die Voraussetzungen für eine florierende Landwirtschaft schenkte. Mit den Überschwemmungen kam der fruchtbare Schlamm, der noch heute die weltweit besten Ackerböden hervorbringt. Doch erst über die Mitwirkung der Katze konnte diese Gunst der Natur für uns Menschen nachhaltig genutzt werden. Erst jetzt konnte sich das Nildelta zur Lebensgrundlage von Millionen Menschen entwickeln. So entstand eine der ältesten, prachtvollsten und langlebigsten Hochkulturen der Menschheit.

Das alte Ägypten ist ohne seine Katzen nicht vorstellbar. Sie spielten eine zentrale Rolle in der Ökonomie, der Gesellschaft, der Kultur und der Religion. Die Arbeit der Katzen war unverzichtbare Voraussetzung für ein entspanntes Leben zwischen den Ernten, ja für das Überleben des ganzen Volkes über nicht weniger als dreitausend Jahre hinweg. Sie sorgen für den Schutz der wertvollen Vorräte. Kein Wunder, dass Katzen als Gottheit verehrt wurden. Sie galten als Glücksbringer. Zigtausendfach sind sie als Mumie erhalten. Katzen wurden in dieser alten Hochkultur als Partner in der Wohnung gehalten, wie wir es heute kennen. Sie galten als weise, als Erbauer der Seele, als Streichler unserer Psyche. Das ist in Wandmalereien und Inschriften zigfach überliefert. Nicht selten haben die Ägyptern ihrer Hauskatze mit einem Grab samt klar formulierter Widmung ein ehrendes Andenken gewidmet. Den alten Ägyptern war die Hauskatze über alle Reiche hinweg heilig. Das war immerhin eine Epoche, die länger andauerte als unsere Zeit seit Christi Geburt. Diesen Menschen war etwas sehr wohl bewusst, was wir heutigen längst aus unserem Denken gestrichen haben. Die große, ja existenzielle Bedeutung ihrer Tiere, speziell der Hunde und Katzen für das Wohl der Menschen. Sie verehrten sie. Der Dank an die nicht-menschlichen Freunde war fester Bestandteil dieser alten Kultur.

Ohne Hauskatzen hätte sich der Ackerbau, dessen wichtigste Feldfrucht die verschiedenen Varianten des Getreides waren, niemals als entscheidende Lebensgrundlage durchsetzen können. Kartoffeln kamen erst sehr viel später mit Kolumbus. Wieviele Hungersnöte haben Hauskatzen verhindern können? Wieviele Menschenleben gerettet?

Das haben wir heute längst vergessen, ja verdrängt. Die Verdienste der Hauskatze sind aus der Geschichtsschreibung, aus den Schulbüchern, aus unserem Bewusstsein getilgt. Nein, diese Aussage ist nicht ganz korrekt: Getilgt werden, kann nur, was einmal festgehalten wurde. Unsere Geschichtsschreibung, unsere heutige Kultur hat der Katze nie eine Bedeutung zukommen lassen. Bestenfalls taucht sie als Verkörperung des Satans in den Zeiten der Hexenverbrennung auf. Die Ideologie des Christentums hat sie herabgewürdigt, wie alle Tiere neben uns. Wir denken nicht einmal an die Option, dass wir diesem nicht-menschlichen Tier überhaupt etwas zu verdanken haben könnten. Dazu sitzen wir auf zu hohem Ross. Wir gönnen unseren Katzen bestenfalls die Anerkennung als schmusiges wie cleveres Heimtier. Oder als bemitleidenswerten Streuner. Oder als bösem Räuber von Singvögeln. Ihre ganzen handfesten Verdienste um den Bestand unserer Spezies werden dagegen stillschweigend unter den Tisch gekehrt. Es ist ein weiteres Indiz für unsere selbstherrliche Entfremdung von Mutter Natur. Die Hauskatze ist viel mehr als nur ein Schmusetier. Sie ist viel mehr als nur ein bemitleidenswertes Problem mancher Großstädte, dem sich Tierschützer erbarmen müssten.

Schmusetiger fürs Leben

Die Samtpfote entpuppt sich als unverzichtbarer Baustein unserer Evolution. Ohne die Hauskatze, wäre der Gang der Menschheit langsamer verlaufen, vielleicht sogar in der Phase, die wir vor 10.000 Jahren erreicht hatten, stecken geblieben. Ob die Menschen das Risiko eingegangen wären, ganze Kulturen vom Ackerbau abhängig zu machen ohne einen wirksamen Schutz der Ernten vor der Maus und den anderen Angreifern? Möglicherweise wäre Ackerbau ohne den Schutz der Katze lediglich ein verzichtbarer Nebenerwerb geblieben. Wie die ersten Felder zum Anbau von Gerste für das Bierbrauen oder ein gelegentliches Backen von Fladenbrot für die großen Feste. Die komplette Ernährungsgrundlage für ein ganzes Volk umzustellen, setzt zuverlässige Ernten voraus. Und eben die Fähigkeit, die Ernte lange und sicher genug lagern zu können. Schließlich muss man mit jeder Ernte immer wieder über die erntelose Zeit kommen. Letztere stellt den längsten Abschnitt eines jeden Jahres. Das hat eine ganz andere Qualität als ein paar Äcker für ein Fest, just for fun zu bestellen. Um zur Lebensgrundlage zu werden bedurfte es der Katze als Helferin. Eine glückliche Fügung des Schicksals der Menschheit.

Die Hauskatze auf Zypern war eine der ersten Helferinnen - vor knapp 10.000 Jahren. Unvorstellbar viele Jahre leben wir also mit ihnen zusammen. Mit dem Ackerbau verbreitete sich die Maus über ganz Eurasien. So kam sie nach Europa. Interessanterweise haben sich Hauskatzen so gut wie nie mit der hier heimischen Wildkatze vermischt. Die Europäische Wildkatze sieht der Falbkatze zum Verwechseln ähnlich. Man muss sich schon sehr gut auskennen, um eine getigerte Hauskatze von der wilden auf Anhieb unterscheiden zu können. Die Wildkatze hat zudem eine andere Jagdtechnik. Sie pirscht durch große Gebiete. Die Ahnin unserer Hauskatze ist dagegen ein ortstreuer Ansitzjäger. Sie wartet stundenlang vor dem Mauseloch.

Der wichtigste Unterschied liegt jedoch in der Stressachse der beiden Katzen. Die Ausbildung des Stresssystems formt bei der Falbkatze einen ganz anderen Charakter als bei der Europäischen Wildkatze. Letztere ist hochgradig gestresst bei jedem sozialen Kontakt. Sie ist ein krasser Einzelgänger. Die Stressachse der Falbkatze hat dagegen ein viel niedrigeres Niveau. Das macht sie sozial toleranter. Das erlaubte ihr, sich in der Nähe des Menschen aufzuhalten, sich schließlich aus freien Stücken uns anzuschließen. Sie entwickelte soziale Toleranz gegenüber einer fremden Spezies, uns Menschen. Ihre Stressachse ließ das zu. Ja heute suchen viele ihrer Nachkommen aktiv unsere unmittelbare Nähe. Die Europäische Wildkatze ist dagegen extrem scheu. Und sie bleibt es immer. Sie macht einen großen Bogen um jeden Menschen. Sie ist bereits gestresst in der Peripherie menschlicher Siedlungen. Es gibt kaum ein Tier, das sich dem Menschen so hartnäckig verweigert wie die Europäische Wildkatze. Selbst handaufgezogene Exemplare werden niemals zahm. Sie nehmen nicht einmal Futter von einer ihnen vertrauten, ausgestreckten Hand, die ihnen als Welpe das Fläschchen mit der Milch gereicht und sie in einer Tasche unmittelbar am Körper getragen hatte. Einer Hand, einem Duft, einem Lebewesen, das sie von Geburt an kennen. Es gibt meiner Kenntnis nach kein Beispiel für eine zahm gewordene Europäische Wildkatze. So wundert es nicht, dass die Wildkatze als Erntewächter nicht taugen würde und diesem Job auch nie und nirgends erledigt hat. Auf sie hätte der Ackerbauer niemals setzen können.

Dank der Mäusefresserin

Unsere Hauskatze zog mit uns Menschen sogar in den hohen Norden. Sie wurde in Norwegen heimisch, obwohl dort nicht gerade ihr Wunschklima herrscht. Nicht nur der Hund ist dem Menschen treu. Die Katze ebenso. Nur zeigt sie es auf andere, ihre ganz eigene Art. Die Katze hat ihre Arbeit für den Menschen immer selbständig erledigt. Katzen entwickeln daher keinen *„will-to-please"*, wie ein Border Collie, der das Warten auf die Befehle seines Schäfers schon in seinen Genen trägt. Manche nennen es Unterwürfigkeit. Das finden wir bei Katzen nie. Katzen arbeiten nicht aktiv mit Menschen zusammen, wie es alle

Hunde bereits seit 40.000 Jahren tun. Das ließ sie so wunderschön ihren eigenständigen Charakter entfalten.

Katzen können trotzdem eine hohe emotionale Bindung zu ihren Menschen entwickeln. Man kann ihnen Tricks beibringen. Sie können problemlos bestimmte Regeln im Haushalt lernen. Sie werden jedoch niemals zum Befehlsempfänger. All das hat seine Wurzeln in der ganz speziellen Rolle, die die Katze für die Evolution der Menschheit spielte. Es ist davon auszugehen, dass dieses Vertrauen in die Katze bereits tief in unserem Unbewussten verankert ist. Es besteht ein Grund-vertrauen. Es weckt bei vielen Menschen noch heute ein Bedürfnis nach Nähe zu ihnen. Wir lieben unsere Hauskatzen, weil sie unsere Seele streicheln. Und diese Zeilen sollen helfen, unsere Freundinnen besser zu verstehen.

Der Ackerbau sollte schließlich die Welt erobern. Die ersten Städte der Menschheit entstanden. Sie waren Voraussetzung und Grundlage unserer Zivilisation. Erst mit der Entfaltung der Landwirtschaft konnten sich die ersten Hochkulturen der Menschheit entfalten. Doch hier kamen neben der Katze auch noch ein paar schwerere Kaliber mit ins Spiel: der Ochse und das Pferd, die wir gleich vorstellen werden. Aber hier galt erst einmal der Katze unser Respekt und unsere Hochachtung.

6 Pferde ändern den Lauf der Geschichte

Vor 5.500 Jahren begriffen wir Menschen, dass Pferde viel Wichtigeres zu bieten hatten als Fleisch und Milch. Ihre Kraft, ihre Intelligenz und ihre Bereitschaft, sich auf uns einzulassen. Das eröffnete eine neue Dimension in der Evolution des Menschen.

Im Bild unserer Städte tauchen Pferde nicht mehr auf. Zuweilen bei einer Parade oder einer Großveranstaltung, wenn berittene Polizisten auf freundliche Art Staatsmacht demonstrieren wollen. Autos haben Pferde ersetzt. Was heute auf vier Reifen über die Straßen rollt, schritt früher auf vier beschlagenen Hufen. Das ist noch nicht lange her. Wenige Generationen, gut einhundert Jahre. Die meisten Kinder, die heute in unseren Städten aufwachsen, haben noch nie ein Pferd live erlebt. Deren Groß- oder Urgroßeltern kannten sich noch bestens mit ihnen aus. Ihnen waren Pferde so geläufig wie den Kindern heute Automarken. Pferde waren ein Statussymbol wie die Kutsche dazu. Das Pferd war selbstverständlicher Teil des Lebens fast aller Menschen, selbst für die, die kein eigenes besaßen. Bei Kutscher, Stallbursche, Sattler, Hufschmied und dutzenden weiterer Berufe stand das Pferd im Mittelpunkt. Heute sehen wir solche Berufe nur noch sehr selten. Das Pferd ist aus den Städten in die ländliche Peripherie entrückt. Es wurde von einem unentbehrlichen, im Zentrum stehenden Arbeitstier zum einem exklusiven Begleiter in Freizeit und Sport. Das ist das Pferd, das wir kennen. Über viele tausend Jahre hinweg hatten wir ein gänzlich anderes Bild. Unser Leben mit Pferd war anders. Und das Pferd war überall.

Ein Pferd erhebt den Menschen

Es war überall und es veränderte die Sicht auf die Welt. Das Pferd erhebt den Menschen, der auf ihm sitzt. Hoch zu Ross schaut der Reiter auf das Fußvolk. Der Blick schweift erhaben in die Ferne. Das Pferd erlaubt seinem Reiter weit über den Horizont des Fußgängers hinaus zu blicken. Diese neu erschlossene Weite wird per Pferd sogar erreichbar. Uralte Grenzen sind durchbrochen, von einer Generation zur nächsten, ganz plötzlich. Das Pferd macht uns schnell. Das Pferd vervielfacht unseren Handlungsraum. Es macht uns stark. Pferde schenken den Völkern auf ihrem Rücken Überlegenheit. Sie siegen Schlacht auf Schlacht. Pferde spenden Nahrung. Pferde veränderten den Lauf der Geschichte.

Unter Führung von Dschingis Khan errichteten die Mongolen ein Weltreich, das große Teile Eurasiens umfasste. 1220 erreichte es seine maximale Ausdehnung. Historiker sprechen vom größten Reich der Geschichte. Der entscheidende Trumpf der Mongolen war das Pferd. Ohne das Pferd wäre ein solches Reich nicht zu beherrschen, ja nicht einmal zu verwalten gewesen. Zu Fuß wäre an solche Eroberungen nicht zu denken gewesen. Die Mongolen hatten das Leben mit Pferd zur Perfektion gebracht. Alles war mit ihm verbunden. Das Leben jedes einzelnen Mongolen von der Wiege bis zur Bahre. Die ganze Ökonomie, die Mythen, die Kultur und besonders die Kriegskunst waren auf das Pferd ausgerichtet. Die Gefühle ebenso. Die Symbiose mit dem Pferd machte dieses Volk überlegen.

Stutenmilch macht Mongolen stark

Ohne die Blüte eines Zusammenspiels von menschlichem und nicht-menschlichem Tier wären die Mongolen bedeutungslos geblieben, ein abgeschiedenes Hirtenvolk einer menschenleeren Steppe der *„Inneren*

Mongolei". Auf dem Pferd entwickelten sie eine Hochkultur, unendliche Kraft. Sie bezwangen die chinesische Dynastie und eroberten schließlich die halbe Welt. Sie stießen vor bis ins Zentrum Europas. Keine Armee war ihnen gewachsen. Schon als Kleinkinder lernen diese Mongolen das Reiten. Artistisch beherrschen sie Pfeil und Bogen, das Schießen aus vollem Galopp.

Die Mongolen entwickeln die Kunst der Pferdezucht. Ihre Pferde wurden über Generationen für ihre jeweiligen Aufgaben optimiert. Pferderassen entstanden. Das Pferd schenkte den Menschen noch einen weiteren Trumpf: hochwertige Nahrung. Schon früh hatten Mongolen ihre Ernährung auf das Pferd umgestellt. Pferdefleisch wurde zur Nahrungsgrundlage. Und Stutenmilch, frisch gemolken oder verarbeitet und haltbar gemacht als Quark und Käse. So entwickelten die Mongolen als eines der ersten Völker die Verträglichkeit für Laktose, den in der Milch enthaltenen Zucker. Sie konnten Milch jetzt über die Kindheit hinaus verwerten. Ein vielleicht entscheidender Vorteil. So meint es jedenfalls der Anthropologie-Professor Jack Weatherford. Er sieht in dem Pferd als Nahrungsgrundlage der Mongolen einen knallharten Wettbewerbsvorteil. Fleisch und Milchprodukte hätten damals eine überlegene Ernährung bedeutet, meint der Professor. Zumindest was die Kampfkraft angeht. Das zeigte sich bei der Unterwerfung der chinesischen Dynastie. Die Ernährung der Chinesen basierte lediglich auf Kohlenhydraten. Fleisch gab es für das Volk und einfache Soldaten kaum einmal. So konnten deren Armeen durch die kampfstarken Reiter der Mongolen regelrecht überrannt werden. Weatherford schreibt: *„Die Mongolen mögen nur 100.000 Soldaten gehabt haben. Doch jeder Soldat war ein Kämpfer."*

Zurück nach Europa, zweihundert Jahre früher. Die Schlacht auf dem Lechfeld am 10. August 955 markiert das Ende der Magyaren in Mitteleuropa. Wie später die Mongolen waren die Magyaren ein höchst erfolgreiches Reitervolk. Auf dem Rücken ihrer Pferde hatten sie immer wieder große Teile Europas in die Knie gezwungen. Durch ihre Beweglichkeit und Schnelligkeit waren sie den in Eisen gehüllten Rittern weit überlegen. Ihre blitzschnellen Angriffe verbreiteten Angst und Schrecken. Eh dass sich die gepanzerten Verteidiger in Bewegung gesetzt hatten, waren die leichten Reiter schon wieder weg. Seit 899 verwüsteten sie mit ihren Plünderungen weite Teile Mitteleuropas. Die Fürsten lernten hinzu, wenn auch spät. Sie schauten sich die Taktik der Reitervölker ein Stück weit ab. So drehten sie den Spieß um. Auf dem Pferd. Nicht mehr so starr, immer noch auf Panzerung setzend, jedoch beweglicher. Das änderte das Kräfteverhältnis grundlegend. Mehr als 10.000 moderne Panzerreiter stellten sich dem Magyaren-Heer am Lech nahe Augsburg entgegen. Und schlugen es vernichtend. Es war eine Zäsur für die Entwicklung Europas. Die Weichen waren neu gestellt. Doch, gleich war am Lech gewonnen hätte. Pferde hatten die Karten ganz neu gemischt. Ohne Pferde und die entwickelte Kunst, mit ihnen umzugehen, gäbe es das Europa, wie wir es heute kennen, nicht.

Und die Schlacht auf dem Lechfeld war längst nicht die erste und längst nicht die letzte wichtige Schlacht, die auf dem Pferd entschieden wurde. Seit der Antike wurden Kriege so entschieden. Alexander der Große konnte seine riesigen Eroberungen, die ihn bis nach Indien führten, nur auf dem Pferd realisieren. Die Streitwagen der Perser oder Ägypter sind legendär. Pferde waren nicht nur direkt im Kampf kriegsentscheidend. Sie stellten das Rückgrat der militärischen Infrastruktur. Sie transportierten die Meldungen. Sie schafften den Nachschub und schweren Waffen ran. In endlos langen Zügen transportierten Pferde ganze Heere von Rom bis zum Limes Germaniens und weiter in den Norden zum Hadrianswall an die Grenze Schottlands. Welcher Krieg der Antike ist ohne Pferde entschieden worden - mal von denen auf See abgesehen? Bis ins Jahr 1900 blieb die Kavallerie der Trumpf des Militärs. Fast immer stellte sie die wichtigste Waffengattung. Selbst in den beiden technisierten Weltkriegen des 20. Jahrhunderts wurden Pferde zu Millionen ins Feld gezwungen. Es waren niemals ihre Kriege gewesen. Doch die Kriege der Menschen wurden auf ihrem Rücken ausgetragen und entschieden.

Kriege wurden auf dem Rücken der Pferde entschieden

Der Verlauf sämtlicher Kriege bis hin zum ersten Weltkrieg müsste neu geschrieben werden - ohne das Pferd. Siege und Niederlagen in Kriegen bestimmen seit 8.000 Jahren ganz wesentlich den Verlauf der Geschichte. Mit einem anderen Ausgang jedes einzelnen Krieges wäre die Menschheitsgeschichte ebenfalls andere Wege gegangen. Die Erde würde heute anders aussehen. Andere Völker, andere Kulturen hätten sich durchgesetzt. Jeder und jede wäre direkt betroffen. Die Menschheit wäre eine andere und zwar die gesamte Erde umspannend - von Australien und vielleicht dem Süden Afrikas einmal abgesehen. Pferde waren in all diesen Kriegen immer von zentraler Bedeutung. Das war lediglich bei Seeschlachten anders.

Auch die mentalen Leistungen, die Kriegspferden abgerungen wurden, sollten uns ein wenig ehrfürchtig stimmen. Pferde sind von Natur aus Fluchttiere. Der Mensch hat sie auf die Schlachtfelder gezwungen zu aber Hunderttausenden. Er hat sie in Rüstungen gepfercht. Sie mussten in Eisen gefasste, steife, schwere Menschen tragen. Kämpfer mit Schwert und Lanze. Pferde mussten im blutigsten Schlachtrausch ihre gepanzerten Reiter ertragen und dabei noch die schwierigsten Manöver ausführen. Es spricht schon Bände, dass sich weder Militärs noch Geschichtsschreiber je die Mühe gemacht haben, die Verluste unter den Pferden exakt zu protokollieren. Neun bis zehn Millionen tote Pferde gelten als sicher alleine im 1. Weltkrieg. Im 2. Weltkrieg sollen es noch einmal um die zwei Millionen gewesen sein - allein auf deutscher Seite. Schätzungen. Die Pferde wurden geschunden. Die meisten starben erbärmlich.

Joey - der Ackergaul

Die Leistungen der Pferde werden verschwiegen wie die der Katzen und Hunde. Bis heute werden Pferde eher als Maschine, als Gerät gesehen. Geachtet bestenfalls als Träger eines Olympiasiegers beim Dressurreiten oder als Wertanlage vor dem Sulky der Trabrennbahn oder als Samenspender. Es gibt in unserer Kultur nur ganz wenige Ausnahmen echter Anteilnahme an den Leistungen dieser treuen Gefährten. So im Jugendbuch von Michael Morpurgo „*War horse*". Es beschreibt das Schicksal des Pferdes Joey im 1. Weltkrieg. Joey war ein ganz normaler Ackergaul. Er wurde mitten bei der Arbeit auf dem Feld durch die Armee requiriert. Joey wurde von seinem Bauernhof direkt an die Front gekarrt. Nach Flandern, mitten in die barbarischen Schlachten des Stellungskrieges. Morpurgo malt ergreifend und erschütternd die Ängste und Qualen dieses so liebevollen, dem Menschen zugewandten, schlauen Pferdes. Das Buch ist eine der ganz seltenen Dokumentationen unserer Kriege und Gräuel aus Sicht der Tiere. Es ist ein Fanal der Gefühlskälte, der Grausamkeit, der Barbarei des Menschen gegenüber seinen engsten Gefährten. Das Buch wurde ein Bestseller. 2011 wurde es von Steven Spielberg verfilmt und in die Kinos gebracht.

Vielleicht spüren wir Menschen in unserem tiefsten Inneren, dass in dieser Erzählung ein Stück Wahrheit, ein archaischer Teil unseres eigenen Lebens ans Tageslicht kommt. In meiner Praxis als Psychologe konnte ich die Folgen solcher Wertungen als Maschine erleben. Erst mit auf die siebzig Jahre zugehend, nach Eintritt in das Leben Rentnerin, hatte die erfolgreiche Akademikerin eine starke Depression entwickelt. Eigentlich hätte sie es sich mit ihrer stattlichen Altersversorgung gut gehen lassen können. Kinder versorgt, Enkel, bezahltes Haus, endlich reisen, die Reisen, von denen sie seit Jahren träumte. Doch die Vergangenheit holte sie ein, gerade jetzt, wo sie direkt in eine unbeschwerte Zukunft blicken konnte. Es waren hoch traumatische Erlebnisse ihrer Kindheit, die sie nun aufzufressen drohten. Jetzt im Ruhestand wurden sie lebendig, aber diffus. Genaue Bilder nicht erkennbar. Ihre Traumata hatten über Jahrzehnte dumpf verharrt, tief im Inneren verdrängt, ja fast schon vergessen. Nun drängten sie als Depression und Angstzustände an die Oberfläche wie die heiße Lava eines Vulkans. Und es brauchte noch einige Zeit, bis sie wirklich greifbar wurden. Zunächst blieb es ein Stochern um Dunkeln.

Eines Tages erzählte sie mir eher beiläufig von „ihrem Pferd". Sie war noch ein Mädchen, gerade einmal 10 oder 12 Jahre. Der Krieg war zu Ende. Ihre Familie wurde aus Schlesien vertrieben. Mit dabei das treue Pferd der Familie. In der größten Not zog der alte Gaul zuverlässig den Karren mit den Kindern und dem bisschen Hab und Gut, was noch übrig geblieben war. Für meine Patientin war ihr Pferd schon während der Grauen des Krieges Trostspender und Ruhepol zugleich gewesen. Ihre einzige sichere Bindung. Nun tröstete es sie über den Schrecken der Vertreibung aus ihrer Heimat hinweg. Ein Stück Menschlichkeit, die bei den Menschen dieser Tage verloren gegangen war; gespendet durch dieses Pferd. Endlich war sie mit ihrer Familie tief im Westen Deutschlands angekommen, hatten eine neue Unterkunft gefunden. Alles schien geschafft. Doch: Das Pferd war binnen Tagen ganz plötzlich weg. Sie suchte es, sie fragte nach. Die Eltern hatten es an einen Schlachter verkauft. *„Wir brauchen es doch nicht mehr, dafür haben wir jetzt einen Sack Kartoffeln"*, war ihre kurze, klare Antwort an das plötzlich bleich erstarrte Kind.

Diese Haltung zum Pferd als Gegenstand, den man nutzen und wegwerfen, ja töten kann nach Belieben, hatte sie noch heute, 60 Jahre später, im Würgegriff. Das Erlebnis hatte ihr das Herz gebrochen und den Glauben an die Menschen zusammen mit dem Erleben von Faschismus, Krieg und Vertreibung vollends zerstört. Danach, in den Jahren des Aufbaus, musste und wollte sie nur noch funktionieren. Die schlechte Zeit hinter sich lassen, die Chancen, etwas aufzubauen, das Leben genießen zu können, am Schopfe packen. Keine Zeit für *„Sentimentalitäten"*. Wie so viele ihrer Generation.

Wir heutigen Menschen haben oftmals ein emotional engeres Verhältnis zum eigenen Auto als ihre Eltern damals zu diesem treuen, alten Gaul. Es entsprach dem Zeitgeist. Wie die Menschen geschunden wurden, so auch die Tiere - nur noch ein Stück respektloser. Hinzu kam die systematische Abwertung der Tiere seit dem Mittelalter durch Religionen. Für Gefühle für Pferde war da kein Platz. Einerseits lebte das Trauma dieses brutalen Verlustes der einzigen zugewandten Bezugsperson in ihr immer wieder auf - eben ganz diffus.

Nachdem sie dieses Erleben wieder ins Bewusstsein geholt hatte, machte sie sich im tiefsten Inneren sogar Vorwürfe, dass sie wegen nur *„eines Tieres"* so intensiv trauerte, ja aus der Bahn geworfen wurde. Trauern um ein Tier galt für sie, die Katholikin, als sündhaft. Das Problem zeigte sich als der Knackpunkt ihrer Psyche. Ja sie darf trauern, sie soll, sie muss trauern. Das Pferd war ihr engster Bindungspartner in einer bedrohlichen Zeit gewesen. Wir dürfen um unsre Freunde trauern, auch wenn sie nach herrschender gesellschaftlicher Norm und geltendem Recht Ausbeutungsobjekte, eben *„nur Tiere"* sind. Das innerlich anzunehmen und zu verarbeiten, führte meine Patientin aus ihrer Depression.

Pferde sprengen den Horizont

Die Kulturen der Reitervölker sahen ihre viereinigen Partner ganz anders. Ihnen waren Pferde heilig. Liebe und Dankbarkeit zum Pferd waren die tragenden Säulen ihres Denkens und Fühlens. Diese Partnerschaft muss zudem ein berauschendes Gefühl von Freiheit und Macht erzeugt haben, *„jetzt gehört uns die Welt!"* Und das war ja real. Wir können diese Bedeutung der Tiere kaum nacherleben. Uns ist keine Welt im Sinn, die sich nur auf den eigenen Füßen erschließen lässt, die auf einmal ganz kleinräumig und zugleich unendlich groß, ja unerreichbar wird. Alles nur zu Fuß erreichbar. Dann der Sprung auf den Rücken des Pferds. Ein kleiner Sprung auf den Rücken eines Tieres, ein qualitativer Sprung für die Menschheit.

Wir werden heute in einen Globus geboren, der bereits von einem dichten Netz der Infrastruktur bis in den letzten Winkel erschlossen und durchwoben ist. Die Welt öffnet sich vor uns per Bildschirm, ohne einen einzigen Schritt vor die Tür gemacht zu haben. Wir erleben sie am Display des Smartphones, des Computers, des TVs. Vernetzung ist Selbstverständlichkeit. Überall ist sie mit dabei. Erst eine Störung rückt hie und da diese Säule unseres Lebens ins Bewusstsein. Sie wir uns bewusst, wenn sie mal fehlt. Oder sie erhält einen neuen Wert, wenn wir deren Potenzial bewusst erleben. So unter der sozialen Isolation der Corona-Krise. Ähnlich kann man sich das mit dem Pferd vorstellen. Mobilität, Austausch untereinander waren zur Selbstverständlichkeit geworden. Die Mobilität, die uns weiter und schneller als unsere eigenen Füße trägt. Das Pferd eröffnete ein ganz neues Weltbild. Es erschloss neue Dimensionen der Vernetzung der Menschen untereinander, Sozialität, Weltoffenheit. Es ermöglichte eine neue Qualität des Lebens. Das Pferd schuf eine neue Welt - real und mental. Das Pferd machte den Himmel zum Horizont. Es verschob den Horizont unseres Denkens, Fühlens und schließlich des ganzen Handelns. Diese Innovationen bilden die Grundlage für das Wachstum der Bevölkerung. Das wiederum war eine notwendige Voraussetzung zum Aufblühen der ersten Hochkulturen.

7 Pferdestärken

Es ist kein Zufall, dass Pferdestärke die physikalische Einheit für Leistung wurde. Der Übergang von der Stein- zur Eisenzeit, das Aufblühen der Mechanik wäre uns Menschen alleine, ohne die Hilfe des Pferdes, des Ponys des Ochsen, des Esel, unmöglich gewesen.

Das Pferd kann noch wesentlich mehr. Es ist ein leistungsfähiger und vielseitiger Motor. Ein einziges Belgier-Pferd kann eine Tonne Nutzlast ziehen. Noch heute wird landläufig die Leistung einer Maschine in Pferdestärken bemessen. Diese Einheit wurde von keinem Geringeren als James Watt eingeführt. Er wollte durch seinem Vergleich mit der Leistung der Grubenpferde den Bergwerksbesitzern die Leistung seiner Dampfmaschine verdeutlichen. Heute ist Watt selber zur physikalischen Maßeinheit der Leistung geworden.

Pferde ergänzen und übertreffen die solide Arbeitsleistung der trägen Ochsen bei weitem. Beide waren die Traktoren der Menschheitsgeschichte bis vor gut einhundert Jahren. Pferde und Ochsen zogen die Lastenaufzüge im Bau, den Pflug auf dem Acker, betrieben die Pumpen zur Bewässerung und Entwässerung. Sie rückten das Holz aus den Wäldern. Pferd und Ochse revolutionierten die Produktivität des Ackerbaus - auf dem Feld wie im Vertrieb. Ohne sie ging in der Landwirtschaft praktisch gar nichts. Und das über tausende von Jahren hinweg.

Die unvorstellbaren Leistungen der Ponys Untertage

Ein Wort in Anerkennung der unvorstellbaren Leistungen der Pferde und besonders Ponys im Bergbau und bei der Metallerzeugung. Das Ende der Steinzeit ist dadurch markiert, dass Metalle den Stein als wichtigsten Werkstoff ersetzen. Zuerst kam Kupfer, dann Bronze, dann Eisen und schließlich das veredelte Eisen, der Stahl. Metalle müssen als Erze in Bergwerken abgebaut werden. Hier kommen gleich mehrere nicht-menschliche Helfer ins harte Spiel. Kleine Ponys und noch kleinere Hunde mussten Abraum und Erze durch die engen Stollen nach draußen befördern.

Der Stollenausbau frisst Unmengen an Holz, das herbei- und herunter-geschafft werden muss. Das besorgten Ponys, Esel, Ochsen, Pferde. Ein weiterer Job war der Antrieb der Pumpen. Hier arbeiteten Ponys und Esel. Zuweilen, unter extrem beengten Verhältnissen, auch Hunde. Solche Pumpen waren unabdingbar. Kein Bergbau untertage funktioniert, ohne Wasser abzupumpen, und umgekehrt, ohne die Versorgung mit frischer Luft, das Wetter. Die muss hereingepumpt werden. Die kleinen Ponys stellten die Hauptkraft zum Antrieb der Pumpen. Dasselbe gilt für den Transport Untertage. Über Jahrhunderte hinweg mussten Ponys in den engen Stollen arbeiten. Selbst die Stallungen dieser Grubenpferde waren tief im Berg eingegraben. Die meisten sollten ihr Leben lang nie das Tageslicht erblicken. Über Generationen hinweg. Diese Ponys waren genötigt, in dem schwülwarmen Klima der Bergwerke ihr ganzes Leben zu ver-bringen und zu schuften. Das herrliche Gefühl, frische Luft zu atmen, den blauen Himmel anzuschauen, die Wärme der Sonne zu fühlen, mit der Herde über eine saftige Blumenwiese zu laufen, blieb ihnen zeitlebens verwehrt. Tierschinderei, Tierquälerei. Noch um 1900 mussten alleine in Großbritannien 70.000 Ponys auf diese Art ihr tristes Leben fristen. So herzlos kann nur der Mensch sein.

Pferde schenkten Metall

Die in Bergwerken geförderten Erze müssen schließlich zu den Hütten transportiert werden. Das Schmelzen der Erze braucht hohe Temperaturen und somit jede Menge Energie: Holz, Holzkohle, getrockneter Rinderdung, Torf. Steinkohle kam erst viel später, in der Hallstadtzeit, kurz vor der Zeitenwende, hinzu. Neben den Erzen mussten also Unmengen an Brennmaterial herangeschafft werden. Passende Flussläufe konnten einen Teil der Transportleistung erbringen. Doch selbst hier ging es nicht ohne die tierischen Helfer. Entlang der Flüsse zogen Pferde und Ochsen, vereinzelt sogar Menschen, die schweren Schiffe beladen mit Holz und Erzen. Überall waren die Wasserläufe zu diesem Zweck von Treidel- und Leinpfaden gesäumt. Zuweilen sind diese Pfade am Rand der Flüsse noch heute erhalten. Kaum einer von uns ahnt, welche Leistung hier von Tieren erbracht wurde. Tag für Tag wurde schwere Zugarbeit geleistet. Über hunderte, ja tausende Jahre hinweg. Tiere trugen die Hauptlast der gesamten Produktionskette von Metall und Metallprodukten. Arbeiten untertage im Bergwerk, Transport der Erze, Rücken der gefällten Bäume, Transport von Erzen und Brennmaterial zu den Hütten - welch großartige Leistung!

Schließlich hat der Schmied sein Schmiedefeuer und die passenden Metalle. Die Temperatur muss hoch sein, oft mehr als 1000°. Das braucht neben - wieder einmal - Brennmaterial auch noch sehr viel Sauerstoff. Nur so können die gewünschten Temperaturen erzeugt und gehalten werden. Hier kommen wieder tierische Helfer, meist Hunde, ins Spiel. Sie treiben die Blasebälge an. Es gab die wildesten Konstruktionen, um die Antriebsleistungen der Hunde als Motor zu nutzen. Zahlreiche Zeichnungen, Bilder und Berichte sind überliefert. Sie dokumentieren die Funktion des Hundes als Antriebsmotor. In England wurde eine spezielle Hunderasse für die Arbeit im Hamsterrad herausgezüchtet: der Turnspit. Er ist vorstellbar als kräftiger Dackel. Solche, ich nenne sie *„Kilowatthunde"*, zählten zur normalen

Ausstattung in großen Werkstätten und Landwirtschaften. Dort hielten sie die Blasebälge in Gang. Auf den großen Höfen kamen Butterfässer oder Dreschmaschinen hinzu. Turnspits drehten ebenso Grillspieße mit einem Schaf oder Kalb vor dem Kamin der herrschaftlichen Anwesen; daher ihr Name. Zurück zu den Metallen: Hätte die Menschheit ohne die Hilfe der Tiere aus der Steinzeit zur Ära der Metallerzeugung voranschreiten können?

Über den Ursprung der Pferde

Die gemeinsame Geschichte von Mensch und Pferd ist - verglichen mit Katze und Hund - nicht sehr alt. Das Pferd (Equus caballus) wurde recht spät domestiziert. Unsere Vorfahren kennen Pferde allerdings schon sehr lange und sehr gut. Doch in einer anderen Funktion. Denn Pferde sind seit 40.000 Jahren eine bevorzugte Nahrungsquelle des Menschen. Sie wurden trotzdem oder gerade deswegen verehrt und geachtet. Pferden wurden zahlreiche Kunstwerke der steinzeitlichen Jäger und Sammler gewidmet. So in der Grotte von Chauvet oder in der Höhle von Lascaux. Bis zu 38.000 Jahre alte Wandmalereien. Sie zählen zu den erhabensten Kunstwerken der Menschheit. Eine Reminiszenz, ein Dank der alten Menschen an ihre Tiere. In zahlreichen Abbildungen werden Pferde geehrt. Unseren Vorfahren waren Pferde bis ins Detail vertraut. Es wundert daher ein wenig, dass das wirkliche Potenzial des Pferdes erst 30.000 Jahre nach Chauvet und Lascaux entdeckt werden sollte. Über zehntausende Jahre hinweg waren Pferde nichtsdestotrotz lediglich Beute bekannt. Es gibt keine Hinweise, dass Pferde schon in der Altsteinzeit als Reit- oder Zugtier verwendet wurden. Vielleicht kommt die weitere Forschung zu neuen Erkenntnissen.

Eine Gruppe von nicht weniger als 120 Forschern unter Leitung von Ludovic Orlando von den Universitäten Kopenhagen und Toulouse hat 2019 eine wegweisende Studie vorgelegt. Es ist die umfangreichste

Analyse zur Abstammung einer Spezies nach solchen zum Homo sapiens. Noch vor kurzem wurden die Anfänge des domestizierten Pferdes vor etwa 5.500 Jahren in der Botai-Kultur im Norden Kasachstans vermutet. Der Zeithorizont scheint weiterhin zu passen. Nur waren es nicht oder nicht alleine das Volk der Botai. Die gemeinsame Frühgeschichte von Pferd und Mensch stellt sich als viel komplizierter heraus, als zunächst angenommen.

Ursprünglich gab es vier unabhängige Linien domestizierter Pferde. Das verraten umfangreiche DNA-Analysen. Zwei dieser vier Linien sind heute ausgestorben. Die erste ist eine von der iberischen Halbinsel. Die zweite war in Sibirien beheimatet. Das lange als Wildpferd gehandelte Przewalski-Pferd entpuppt sich als die dritte Linie ursprünglich domestizierter Pferde. Sie sind heute verwildert vergleichbar den Mustangs in Nordamerika oder den Wüstenpferden Namibias. Die Untersuchung ergab ferner, dass Pferde früher eine sehr viel größere genetische Vielfalt trugen. Erst vor gut 1.500 Jahren entstanden auf dem Gebiet Persiens die leichten und schnellen Vollblutpferde. Früher waren Pferde im Durchschnitt kräftiger. Sie standen eher den heutigen Kaltblütern oder den Island-Ponys nahe. Erst seit wenigen hundert Jahren werden sie gezielt auf Sportlichkeit getrimmt. Seither ist die Zucht edler Pferde sehr genau dokumentiert. Stud Books werden seit 1800 und in Teilen schon seit 1700 mit großer Akribie geführt. Doch was war davor? Die wegweisende Untersuchung von 2019 zeigt in erster Linie eines: Wir wissen noch recht wenig über die Frühgeschichte des Pferdes als Gefährte des Menschen. *„Nach wie vor ist unklar, wo Pferde erstmals domestiziert wurden. Dieses Ereignis ist zentral für die Menschheitsgeschichte und bis heute unverstanden. Das ist irre"*, meint Forschungsleiter Ludovic Orlando.

8 Vernetzt auf sechs Beinen

Per Pferd und Rind wurde bis vor 150 Jahren fast die gesamte Infrastruktur abgewickelt. Diese Vierbeiner schenkten uns neue Dimensionen von Mobilität und Kommunikation. Sie stellen über tausende Jahre hinweg die Basis unserer Vernetzung und damit unserer Zivilisation.

Infrastruktur - das klingt nach trockenem Thema weit weg. Doch es berührt uns ganz unmittelbar. Sie ist allgegenwärtig. Sie greift tief in unser persönliches Leben, engmaschig durchwoben. Ohne sie kann heute kein Mensch mehr leben. Sie ist so selbstverständlich, dass wir sie kaum wahrnehmen. Wir würden verhungern, verdursten, im eigenen Müll versinken. Unsere Vorfahren, die Jäger und Sammler der Eiszeit, brauchten keine Infrastruktur. Sie schafften alles zum Leben unmittelbar selbst heran. Niemand half ihnen dabei, außer sie sich selber. Ihre Infrastruktur war, wenn überhaupt, auf ein paar Pfade, Wegmarkierungen und Lagerplätze beschränkt. Das Mammut, die Knollen, die Früchte, das Wasser, das Feuerholz, die Steine für die Faustkeile - alles musste komplett selbst gefunden und herangeschafft werden. Das besorgten sie auf eigenen Füßen, mit den eigenen Händen. Ebenso alles was sie aßen, tranken, anzogen. Sie kauften nichts, denn sie konnten nichts kaufen. Es gab keine Läden, keine Märkte, keine Post, kein Telefon, keine Straßen, nicht einmal Geld. Der Austausch von Produkten war auf die Treffen mit befreundeten Clans bei einem Fest beschränkt, vielleicht ein- oder zweimal im Jahr. Bei solchen Treffen wurde alles vernetzt. Neben den Waren wurden Geschichten und Erlebnisse weitergegeben, Informationen ausgetauscht. Das WhatsApp, Facebook, Twitter, Internet der Urzeit.

Infrastruktur, Basis der Gesellschaft

Heute besorgen wir all das, was wir täglich brauchen, nicht mehr selbst. Besorgen meint heute einkaufen, mehr noch per Mouseclick bestellen. Hie und sehen wir noch den Gemüsegarten mit ein paar Tomaten, Gurken und Kartoffeln. Das war es im großen Ganzen schon. Alles andere kommt per Infrastruktur. Selbst der Austausch von uns Menschen untereinander wird immer intensiver abgewickelt per Infrastruktur, die hinter einem Display werkelt. Handy und Internet haben die Kommunikation revolutioniert. In Krisen wie Corona mutiert diese Kommunikations-Infrastruktur zum wichtigsten sozialen Band. Schon zu Normalzeiten beobachte ich junge Paare im Café, die die ganze Zeit parallel über ihre Smartphones wischen, statt sich Face-to-face zu unterhalten. Sie schauen sich nichtmal an, sind versunken in ihr Display. Die Welt des Displays wird als die wahre Welt konsumiert.

Die Bedeutung von Infrastruktur rückt schlagartig ins Bewusstsein, wenn sie mal nicht funktioniert. Störungen greifen sofort ins persönliche Leben ein. Stau auf der Autobahn, eingefrorene Oberleitungen beim ICE, Streik im Versand von Amazon oder eine Havarie im Suez-Kanal. Oder die vielen Funklöcher in Deutschland, die allzu oft die persönliche Kommunikation stumm schalten. Da erst nehmen wir wahr, dass da etwas für uns wichtiges im Hintergrund arbeitet, etwas, das zwischen uns und all den anderen Menschen funktionieren muss. Über die Kommunikation hinaus arbeitet kontinuierlich eine gewaltige Infrastruktur zur Verteilung der Rohstoffe, fertigen Produkte, der Dienstleistungen unter den Produzierenden sowie hin zu den Konsumenten für die sie produziert wurden. Wir sind lediglich das letzte Kettenglied.

Viel komplexer ist die Infrastruktur davor. Die zur Produktion. Kaum ein Produkt, indem nicht die Arbeit aus allen Teilen der Erde steckt. In

Brasilien hergestellter Dünger lässt die heimische Kartoffel wachsen. Die Pflanzenschutzmittel kommen aus Indien, den USA zuweilen aus Leverkusen oder Ludwigshafen. In den GPS-gesteuerten Landmaschinen auf dem Acker steckt eine erdumfassende Lieferkette. Wie auch in jedem Handy: Seltene Erden aus Afrika, Design aus den USA, Know-how aus Deutschland, Silizium aus Südamerika, Chips aus China, montiert in Vietnam. Die Lieferketten müssen just-in-time funktionieren, Tag für Tag. Und bis ins Detail passgenau den Globus umfassend, auf die Minute. All das wird in den engmaschig den Globus umwebenden Netzwerken der Informationstechnologie vorgedacht und gesteuert. All das leisteten früher Tiere.

Pferde prägten das Stadtleben

Unser Leben spielt sich heute in einer weitgehend pferdelosen Umwelt ab. Dagegen baute noch vor wenigen Generationen praktisch die gesamte bodengebundene Infrastruktur auf einer Kraft: dem Pferd. Pferde waren omnipräsent. Nichts ging ohne Pferde. Überall sah man sie, in jeder Stadt, in jedem Dorf. Die ersten Bürgersteige wurden erfunden, um in den Städten Fußgänger vor den vielen Reitern und Kutschen zu schützen. Noch heute zeugen die großen Tore der vor 1900 gebauten Bürgerhäuser von der Omnipräsenz des Pferdes. Praktisch jedes Haus hat sie: meist zweiflügelige Tore, durch die ein Pferd samt Kutsche passt. Wo heute Autos parken, war Jahrhundertelang der Pferdestall. Tausende in jeder Stadt. Die Straßen waren den Kutschen gewidmet, Einspänner, Zweispänner, Vierspänner und mehr. Kutschen gab es für jeden Zweck. Vom Coupé über den Brauereiwagen bis zur Postkutsche. Variantenreich wie heute Autos, Lieferwagen und LKWs. Pferde zogen sogar die ersten Straßenbahnen. Noch in den 1950er und 1960er zählten Pferdefuhrwerke zum Stadtbild der deutschen Großstädte. Sie zogen die Karren der Schrott-, Kohle- und Gemüsehändler, kurz aller Gewerke, die sich noch keinen LKW leisten konnten. Ich kann mich daran gut erinnern. Keiner drehte sich nach einem Pferdegespann um. Ich selbst empfand immer den Ausdruck von Melancholie in den Augen dieser Gäule.

Der Umgang mit Pferden war unseren Vorfahren längst in Fleisch und Blut übergegangen. Kinder lernten, deren Verhalten zu verstehen, schon mit der Muttermilch. Zaumzeug und Sattel waren alltägliche Dinge. Das Klackern der Hufeisen war so vertraut wie das Brummen der Motoren heute. In den Städten roch es anders. Eben nach Pferd und seinem Mist. Die Menschen lebten aufs engste mit Katzen, Kaninchen, Hühnern, Schweinen, Schafen, Ziegen zusammen. Zudem Haustiere wie Pferde und Hunde, mit denen sie täglich zusammen-arbeiteten. Man kannte sich gegenseitig. Man war vertraut unter-einander - wenn auch keineswegs ohne Widerspruch. Die Menschen gingen nicht immer freundlich mit ihren Gefährten um. Das enge Zusammenleben und tägliche Zusammenarbeiten war der Normalzustand über Jahrhunderte, Jahrtausende hinweg. Noch Anno 1900 lebten und schufteten - amtlichen Angaben zufolge - alleine in London um die 300.000 Pferde. Sie bildeten bis zu dieser Zeit das unverzichtbare Rückgrat der gesamten Infrastruktur, der Kommu-nikation, des Transportwesens.

Ohne die Arbeit der Pferde wären praktisch alle Gesellschaften Europas zusammengebrochen. Ihr Beitrag zum Bruttosozialprodukt ist kaum zu überschätzen. Wurde natürlich nie erfasst. Selbst unser heutiger Wohlstand wurzelt wesentlich auf diesem Fundament. Die Wirtschaftsleistung hunderter vorangegangener Generationen wurde zu einem erheblichen Anteil durch das Pferd erbracht. Mit solchen Feststellungen nehmen wir eine ganz neue Bewertung der Geschichte vor. Wir schauen nicht nur auf unsere Vorfahren und deren unmittelbaren Leistungen, vielmehr ebenso auf deren Gefährten, die das Geschaffene erst möglich machten. Und ich denke, dass eine solche Bewertung einfach nur gerecht ist. Oder neutral ausgedrückt, der Realität entsprechend. Doch sind mir keine Berechnungen der

Historiker oder Volkwirte bekannt, die die Bedeutung der Pferde beziffern würden. Die Wertschöpfung durch Pferde wird nicht einmal erwähnt. Sie wird stillschweigend unter Leistungen der Menschen abgerechnet. Leistungen auf die alleine WIR stolz sein sollen. Das können wir auch. Doch eben in dem Bewusstsein, dass es ein Gemeinschaftswerk war. Es ist eigentlich ein schönes, befreiendes Gefühl, eine Erdung in der Natur, dass ALLES nur unter der aktiven Mitwirkung unserer nicht-menschlichen Gefährten möglich wurde. Wir standen also nicht alleine. Unser Lebensstandard fußt auf Jahrtausenden engster Zusammenarbeit mit Tieren. Wir haben eine eng verwobene, gemeinsame Vergangenheit mit ihnen. Alleine wir erkennen diese Leistung heute nicht mehr an.

Ochsen, Stark aber langsam

Rund um den Globus setzten praktisch alle Kulturen - gleichfalls einem Naturgesetz folgend - immer intensiver auf den Einsatz von Tieren zur Erhöhung ihrer Produktivität. Vor gut 7.500 Jahren wurde der erste Pflug noch von Bauern selbst durch den Acker geschoben. Den entscheidenden Sprung brachte die Kombination des Pflugs mit der schieren Kraft des Rindes. Mit einem Ochsen und später einem Pferd vor dem Pflug konnte der Boden in einer neuen Dimension bearbeitet werden. Die Produktivität der Landwirtschaft schoss nach oben. Es war eine Revolution des Ackerbaus, die erst sehr viel später durch die Einführung von Traktoren und Mähdreschern ihren Meister finden sollte. Weitere Impulse ergaben sich durch die Transportleistungen auf dem landwirtschaftlichen Gut selber und insbesondere in der Verteilung der nun im weit größeren Stil anfallenden Waren.

Soweit wir wissen, wurden die ersten Rinder gezielt domestiziert, um deren Kraft als Zugmaschine vor Wagen wie Pflug zu nutzen. Die Haltung von Rindern als Lebensmittelspender für Milch und Fleisch rückte erst sehr viel später in den Mittelpunkt. Heute kennen wir nur noch Rinder, die ins unethisch, quälerische hinein zur Fleisch- oder Milchproduktion hochgezüchtet wurden. Die damaligen Rinder waren im Vergleich zu den heutigen schlank und dünn. Kühe - die hatten damals noch keine so extremen Rieseneuter, die sie neben anderen Qualen beim Laufen behindern - und kastrierte Stiere, Ochsen, kamen allerorten zum Einsatz. Besonders Ochsen können eine enorme Kraft mit sehr hohem Drehmoment entwickeln. Die zu nutzen, hat enormes Potenzial. Rinder sind Herdentiere, die eng zusammenhalten und soziale Beziehungen aufbauen, Rangordnungen bilden. Das nutzte der Mensch, um sich deren Kraft nach eigenen Wünschen zunutze zu machen. Er machte sich selbst zum boviden Leittier. Die emotionale und mentale Intelligenz dieser Huftiere wird ausgenutzt und zugleich gerne unterschätzt. Ich unterstelle, dass diese Unterbewertung, ja Missachtung der hochentwickelten Fähigkeiten und Emotionalität der Rinder gezielt einem Zweck geschuldet ist; schlicht um uns für den brutalen Umgang mit diesen nicht-menschlichen Tieren innerlich zu rechtfertigen.

Rinder pflegen untereinander liebevolle, individualisierte Beziehungen. Verhaltensbiologen haben beweisen können, dass jede Kuh eine ganz individuelle Persönlichkeit ausbildet. Kühe erkennen sich gegenseitig sogar auf Fotos in schwarz-weiß, also informationsreduzierten, zweidimensionalen Abbildungen. Sie haben eine starke Bindung untereinander. Kühe und Ochsen können intensive Bindungen zu Menschen entwickeln. Sie können uns ganz präzise als Individuen unterscheiden, unsere Stimmung lesen. Sie sind im Grunde gutmütig, folgen denjenigen Menschen, denen sie vertrauen. All das lernte der Mensch schnell auszunutzen und spannte sie vor Pflug, Zugstangen und später Karren.

Das älteste Fahrzeug der Menschheit

Das Rad wurde nicht viel später erfunden. Wissenschaftler vertreten den Standpunkt, dass das Potenzial der Zugochsen die wesentliche Triebkraft zur Erfindung des Rads war. Erst der Ochse, dann das Rad. Es ersetzte die Zugstangen. Mit dem Zugochsen vor einem Wagen auf einer Achse mit zwei Rädern wurde ein neues Kapitel der Infrastruktur eingeläutet. Das geschah vor knapp 6.000 Jahren. Mit solchen Gespannen nahm der ganze Handel eine bis dato nie gekannte Fahrt auf. Waren aller Art konnten nun über weite Entfernungen und in nennenswerten Mengen transportiert werden. Nur eben noch recht langsam. Mit dem viel schnelleren Pferd wurde einige Jahre später auch dieses Problem gelöst. Trotzdem: Der Ochse hat sich als Zugtier vor Pflug und Wagen bewährt. Das Ochsengespann ist nach dem Hundeschlitten das älteste Erfolgsmodell im Transportwesen. Diese archaische Kombination hat sich bis in die heutigen Tage erhalten und das selbst in manchen Regionen Europas

Bei einem Buch wie diesem muss ich immer wieder auf den Hund kommen. Schon sehr viel länger als Ochs, Esel und Pferd sind Hunde im Transportwesen aktiv. Auf die Anfänge des Hundes als Zug- maschine komme ich im Kapitel zum Hundeschlitten zurück. Die alltägliche Transportleistung der Hunde ist heute vollkommen in Vergessenheit geraten. Selbst Hundefreunden ist sie meist unbekannt. Einzig bei Schlittenhunderennen und ein paar Fernsehdokus über Eskimos klingt dieses Potenzial in der Öffentlichkeit an. Dabei dienten Hunde als Zug- und Lastentiere in allen Variationen auch bei uns mitten in Europa. Und das seit der Altsteinzeit beginnend mit den schon erwähnten Zugstangen. Vor 15.000 Jahren kamen als zweite Ausbaustufe die Schlitten dazu. Der Hundeschlitten ist das mit Abstand älteste Fahrzeug der Menschheit - zumindest an Land; den Einbaum in der Schifffahrt haben wir schon kurz erwähnt. Die Rolle des Hundes im Transportwesen schreibt zugleich die längste

Geschichte einer Fahrtechnologie überhaupt. Die Technologie der Hundeschlitten und später -gespanne hat sich bis in die jüngste Vergangenheit erhalten. In Mitteleuropa zogen Hunde noch vor gut hundert Jahren Milchkarren, Leichenwagen, kleine Einpersonen-Kutschen. In den Kriegen wurden die arglosen Vierbeiner mit scharfen Minen bepackt in die feindlichen Linien geschickt. Sie transportierten in der Schweiz noch vor wenigen Dekaden den Käse von der Sennerei in die Stadt. Generationen harter Arbeit auf den Almen wurde ihnen anvertraut, Hunden des Typs, die wir heute als Schweizer oder Berner Sennenhund begleiten dürften.

Hunde im Transportwesen

Die alltägliche Rolle der Hundefuhrwerke noch in jüngster Vergangenheit ist durch unzählige Fotos, Gemälde, Gesetze und Verordnungen dokumentiert. Bis zum Ersten Weltkrieg malten Zug-hunde ein ganz normales Bild der Städte und Landkreise Europas. In den alten Büchern der Augustus- und der Albertbrücke über die Elbe in Dresden ist der Brückenzoll, der damals erhoben wurde, penibel protokolliert. Aus ihrer Statistik für das Jahr 1894 geht hervor, dass täglich bis zu 400 Hundefuhrwerke diese beiden Dresdner Brücken passierten. Das ist gerade einmal 130 Jahre her.

Hundekarren hatten gegenüber Pferde- und Ochsenfuhrwerken einige Vorteile. Zunächst einmal: Sie waren viel billiger. Das galt sowohl in der Anschaffung als auch im Unterhalt. Zudem waren sie handlich, klein und wendig. Die Besonderheit: Sie waren nicht selten quasi selbstfahrend. Hundekarren praktizierten lange vor Zeiten von Tesla und 5G das *„autonome Fahren"*. Man konnte Hunde ohne menschliche Begleiter zum Kunden losschicken oder zur Brotzeit auf das Feld. Sie fanden ihren Weg selber, umfuhren Hindernisse, passten auf. Sie verstanden sogar etwas Autorisierung - freilich ohne Nutzer-name/Passwort jedoch mit zuverlässiger Gesichtserkennung. In manchen Stadtteilen brachten Hunde morgens selbstständig und zuverlässig die Milch an die Haustüre der Kunden. Von den Bauern im Rheinland kenne ich das noch aus eigener Erfahrung in den 1970er Jahren. Auf dem Hof packte die Bäuerin zum Mittag die Tragetaschen für den Hund. Der brachte Brotzeit samt ein paar Flaschen Bier heraus auf das Feld zu den Bauern. Der Hund wurde dort freudig begrüßt. Dieser freute sich ob der sozialen Anerkennung und Streichel-einheiten. Vielleicht fiel auch mal ein Happen für ihn als Belohnung ab. Mit dem Leergut zog er nach der Mittagspause wieder zurück auf den Hof. Hunde erledigten solche Transportarbeiten nicht nur zuver-lässig, sie bewachten nebenbei auch noch ihr Fuhrwerk samt Ladung. Eine Leistungspalette, zu der kein Pferd oder Zugochse in der Lage ist.

Die Extremen - Kamele und Esel

Allerdings: Die meisten Pferde und Ochsen sind bei allzu großer Kälte oder Hitze und Trockenheit nicht mehr einsatzbereit. Unter den rauen Bedingungen des Polarkreises behaupten sich letztlich nur einige spezielle Pferde- und Pony-Rassen, die Isländer zum Beispiel. Oder die ganz kleinen Pferde der Shetland Inseln. Shelties und Isländer leben das ganze Jahr über draußen. Sie trotzen den rauen, eiskalten Winden. Sie ernähren sich selbständig vom kargen Gras. Von den Isländern wird berichtet, dass sie im Winter sogar von dem in Fässer gelagerten Fisch fressen. Auf dem sehr harten, scharfkantigen Vulkanboden Islands haben sie einen einzigartigen Gang entwickelt, den Tölt. In anderen Regionen des hohen Nordens wurde sogar ein Vertreter der Hirsche ein stückweit domestiziert. Das Ren dient den Samen bis heute als Zugtier vor ihren Schlitten. Dieses Gespann hat es sogar zu einem Symbol weihnachtlicher Idyll gebracht.

Für ganz extreme Witterungsbedingungen taugen allerdings nur Schlittenhunde - wieder einmal. Das musste der Polarforscher Robert Falcon Scott 1912 am Südpol schmerzlich erfahren. Im Wettstreit mit

Roald Amundsen hatte der britische Marine Offizier auf 19 Ponys aus der Mandschurei sowie auf Motorschlitten gesetzt. Auch ein paar Schlittenhunde waren mit im Team. Die Motorschlitten fielen im Sturm der Antarktis binnen weniger Tagen komplett aus. Aber selbst die Ponys hielten nicht viel länger durch. Eines nach dem anderen starb. Die Hunde leisteten mehr als er erwartet habe, notiert Scott bereits völlig erschöpft in seinen Aufzeichnungen. Doch es waren viel zu wenige Hunde. Amundsen erreichte den Pol als erster. Der Norweger hatte voll auf die erfahrenen Schlittenhunde der Inuit gesetzt. Enttäuscht und entkräftet starb Scott auf dem Rückweg. Seine letzten Einträge ins Logbuch waren voller Hochachtung seinen treuen Hunden gewidmet. Er hatte erkannt: Hätte er auf sie gesetzt, wäre ihm dieses Schicksal erspart geblieben.

Dasselbe gilt für extreme Hitze, Trockenheit oder Hochgebirge. Aber hier sind es mal nicht die Hunde. Einige tausend Jahre nach der Domestikation von Rind und Pferd etablierten die Menschen nach und nach auch für solche Bedingungen effektivere Lösungen. Kamele, Dromedare, Esel wurden in Asien und Nordafrika domestiziert. Das begann vor etwa 7000 Jahren. In Südamerika dienten Lama und Alpaka als Lasttiere in der dünnen Luft des Hochgebirges der Anden. Im Himalaya, Tibet, der Mongolei und Teilen Sibiriens wurde das Yak domestiziert. In den feuchtwarmen Regionen Südostasiens wie auch im Süden Italiens sieht man bis heute schwarze Wasserbüffel als Last- und Zugtiere. In Indien und weiten Teilen Südost-Asiens hat man Elefanten zu einer vielseitigen Arbeitsmaschine gemacht. Ohne diese Armada an vierbeinigen Helfern hätten sich die Ökonomien der meisten Kulturen erst gar nicht entfaltet. Sie wären mit einiger Wahrscheinlichkeit in der Steinzeit stecken geblieben. Landwirtschaft, Ackerbau, Viehzucht, hätte nur einen kleinen Bruchteil produzieren können. Der Handel wäre weitgehend zum Erliegen gekommen, die Märkte leer geblieben. Städte hätten mit einer solchen tierlosen Infrastruktur nicht existieren können; schlicht, da keine nennenswerte

Infrastruktur entstanden wäre, die Städte hätte versorgen können. Wahrscheinlich wären die Menschen weiterhin Jäger und Sammler geblieben, eben in einem Gesellschaftssystem verharrt, das keine Infrastruktur benötigt.

Dabei brachten uns Huftiere neben ihren Arbeitsleistungen noch viele Vorteile obendrauf. Sie boten Nahrung. Selbst ein geschundener alter Ochse gab schließlich noch Fleisch und ein paar Fettaugen für die Suppe. Neben ihrem Fleisch boten die Zugtiere zu Lebzeiten Milch und Käse. Die Vorteile haben wir bei den Mongolen schon angesprochen. Mit einem dieser Vorteile änderte sich sogar die Genstruktur der Menschen. Wir wurden auch im Erwachsenenalter tolerant für Laktose. Selbst Wasserbüffel ließen uns Käse produzieren, den berühmten Mozzarella. Zu den Nahrungsmitteln kamen unzählige weitere Produkte. So das Leder aus der Decke der Rinder. Der gesamte Lebenszyklus dieser nicht-menschlichen Tiere wurde vollständig in den Dienst der Menschen gestellt. Ganze Völker lebten ausschließlich von ihren Pferden wie ich es von den Mongolen und Magyaren berichtet habe. Pferde, Rinder, Kamele, Dromedare, Esel, Wasserbüffel, Lamas, Alpakas, Rentiere können, ja müssen wir ohne Übertreibung als elementare Aktivposten der menschlichen Evolution bezeichnen.

Die schnellen Boten - Brieftauben

In einer wahrhaft ganz anderen Dimension bewegen sich Tauben, speziell die Brieftauben. Die heute gerne als *„Ratten der Lüfte"* disqualifizierten Vögel bieten zwei Besonderheiten: Sie sind schnell und sie haben den Drang und die Fähigkeit nach Hause zu finden. Taubenhalter nennen es das Heimfindevermögen. Tauben besitzen durch im Schnabel eingelagerte Metalle eine Art Kompass. Zudem haben sie ein genaues Zeitgefühl und orientieren sich per Sonne und Mond. Jedenfalls finden erwachsenen Tauben selbst aus Entfernungen von über 1.000 Kilometern zurück nach Hause in ihren Schlag.

Erstaunlich sind weitere Leistungen dieser leichten Vögel. Sie sind extrem schnell selbst über weite Strecken. Sie bewältigen problemlos Distanzen über 200 Kilometer mit einer durchschnittlichen Geschwindigkeit von bis zu 120 Kilometern pro Stunde. Der längste dokumentierte Flug einer Brieftaube und zwar nonstop wird offiziell mit 1.400 Kilometern angegeben. Eigentlich unvorstellbar.

Bereits in der Antike schätzte man diese Eigenschaften der Brieftauben. Seit 7.000 Jahren sind sie domestiziert und werden gezielt gezüchtet. Ihr Einsatzgebiet war das Nachrichtenwesen. Sie können kurze Nachrichten selbst über große Distanzen schnell und sicher transportieren. Der Nachteil: Ihr Ziel steht schon vorher fest: ihr Schlag. Man muss sie also von diesem späteren Ziel erst einmal mitnehmen und eben nur dorthin können sie dann eine Nachricht überbringen. Besonders in Kriegen leisteten sie ihren Dienst. Sie konnten feindliche Linien überqueren und so ein exaktes Bild von der Lage an der Front in die Stäbe in der Etappe bringen. Bei Belagerungen waren sie oft die einzige Verbindung nach außen. Kaum eine Armee verzichtete auf diese Dienste der Vögel. Das gilt bis heute. Tauben wurden sogar zur Spionage eingesetzt indem man ihnen einen kleinen Fotoapparat unterschnallte; Jobs, die seit kurzem Drohnen übernommen haben. Auch im zivilen Bereich stellten Tauben eine bedeutende Säule des Nachrichtenwesens. Selbst die Mongolen Dschingis Khans mit den schnellen Pferden bauten zur Verwaltung ihres Weltreiches auf die Kommunikation über die noch schnelleren Vögel. Tauben bewährten sich bis ins 20. Jahrhundert hinein zur schnellen Überbringung von Nachrichten in besonders schwer zugängliche Gegenden, etwa zu vorgelagerten Inseln an der Küste Kaliforniens oder im Hochgebirge der Schweiz.

9 Steinzeitliche High Tech

Hundeschlitten sind ein hoch entwickeltes Transportmittel. Zugleich das älteste der Menschheit. Für das Leben in Schnee und Eis unverzichtbar. Der Mensch konnte weite Teile der Erde erst mit Hilfe der Hunde erschließen. Als Team auf sechs und noch viel mehr Beinen.

2017 veröffentlichten die Mitglieder der Russischen Akademie der Wissenschaften, Vladimir Pitulko und Aleksey Kasparov, die Ergebnisse ihrer Ausgrabungen auf der Schochow-Insel im Nordpolarmeer. Dort fanden die Archäozoologen, im Permafrost gut konserviert, die Skelette von 13 Hunden. Daneben lagen die Reste eines Hundeschlittens aus Holz. Neun der Skelette repräsentieren Hunde vom Typ des Siberian Husky. Die anderen sind einem schwereren Typ, etwa dem Grönlandhund zuzuordnen. Man vermutet, dass es sich bei letzteren um Hunde für die Jagd auf Eisbären handelte. Zudem waren diese besonders kräftigen Hunde optimal für den Schutz der Menschen vor diesen gefährlichen, größten Landraubtieren. Bei diesem Fund ist ein Fakt von ganz besonderer Bedeutung: Das Alter von Schlitten und Hunden. Es wurde auf gut 9.000 Jahre datiert. Damit ist es der bisher älteste Nachweis eines Schlittenhunde-gespanns. Es ist zudem der älteste Hinweis auf die Spaltung der Hunde in Spezialisten, in das, was wir heute als Hunderassen kennen. Die Forscher schreiben, dass *„man annehmen kann, dass Schlittenhunde-teams in Sibirien bereits vor 15.000 Jahren aktiv gewesen sein könnten."*

Schlitten sind hoch entwickelte Transportmittel. Von Hunden gezogen sollte sich diese Technik nach und nach über die ganze nördliche

Hemisphäre verbreiten. Im hohen Norden waren Hundeschlitten noch bis in die Neuzeit unverzichtbar. Erst in den letzten Jahren wurden sie durch Motorschlitten und GPS ersetzt. Selbst das nicht einmal vollständig. Denn Hundeschlitten bieten ein enormes Potenzial. Sie transportieren große Lasten über hunderte Kilometer sehr schnell. Hochgezüchtete Hundeschlittengespanne schaffen 2.000 Kilometer durch die kalte Wildnis Alaskas binnen nur 9 Tagen. Das ist die Strecke des Iditarod-Rennens, das jedes Jahr ausgetragen wird. Ich komme später noch einmal auf dieses Rennen zurück. Hundegespanne haben weitere Vorteile. Ein GPS ist quasi eingebaut. Auch wenn sich plötzlich eine Nebelwand auftut, finden die Hunde ihren Weg. Sie orten die tückischen Gletscherspalten, warnen vor zu dünnem Eis wie vor den anderen Gefahren der Schneewüsten.

Lange vor der Erfindung des Schlittens wurden die Lasten mittels Zugstangen transportiert. Zwischen zwei Stangen wurden Netze oder Felle gespannt. Auf diesen wurde die Nutzlast gepackt. Die Zugstangen waren über Schultergurte an beiden Seiten kräftiger Hunde befestigt. Diese Funktion der Hunde ist von den Indianern Nordamerikas gut dokumentiert. Solche Gespanne wurden eingesetzt, wenn Zelte und Hausrat vom Sommer- zum Winterlager gebracht werden mussten. Sie halfen, das Fleisch eines erlegten Bisons oder Mammuts ins Lager zu transportieren. Teils wurden die Lasten den Hunden auch direkt aufs Kreuz gepackt oder über Tragetaschen an den Seiten. George Catlin, von dem ich schon ganz am Anfang berichtet habe, hat diese Funktion der Hunde gut dokumentiert. Das Ziehen von Lasten verrichteten in Nordamerika über Jahrtausende alleine die Hunde. Pferde brachten erst viel später die spanischen Invasoren mit.

Die Temperatur der Erde schwankt über die Jahrtausende regelmäßig. Unabhängig vom Problem der Klimaerwärmung leben wir heute in einer Warmzeit. Die schneebedeckten Gebiete sind relativ klein. Sie schrumpfen zudem im Rekordtempo. Während der Altsteinzeit erstreckten sich die weißen Flächen bis weit in die Mitte Europas, Asiens und Nordamerikas. Die Bedeutung eines effektiven Transportmittels auf Schnee und Eis war viel höher als wir es heute von den Siedlungsgebieten der Nenzen oder Inuit nördlich des Polarkreises kennen. Auch weite Teile der Kaltsteppen Europas waren zumindest im Winter von Schnee bedeckt. Schlittenhunde hatten also nicht nur Bedeutung für die Erschließung der Regionen im hohen Norden. Hunde spielten als Zugtiere und Navigatoren eine unverzichtbare Rolle für das Überleben der Mammutjägerkulturen ganz Eurasiens, unserer unmittelbaren Vorfahren. Hunde halfen uns neben dem Jagen, Wachen und Beschützen auch mit dieser Dienstleistung, im Überlebenskampf zu bestehen.

Kettensalat der Wölfe

Bis aus dem wilden Wolf ein Hund geworden ist, der auf Kommando Zugstangen oder einen Schlitten über dutzende von Kilometern diszipliniert in der Meute zieht, muss schon einiges an Domestikation vergangen sein. Die Schlittenhunde der oben erwähnten Schochow-Insel waren das Produkt einer bereits hoch entwickelten Selektion über Generationen. Es müssen Jahrtausende der Zusammenarbeit vergangen sein, damit aus Wölfen und Proto-Hunden diese Spezialisten entstehen konnten. Spezialisten, die für die Arbeit am Schlitten optimiert sind. Das gilt für die körperliche Leistungsfähigkeit aber vor allem für die mentale Einstellung.

Die nordischen Schlittenhunde sehen selbst heute noch rein äußerlich dem Wolf sehr ähnlich. Im Vielem sind sie es auch. Doch in speziellen, entscheidenden Bereichen ihres Wesens haben sich gewaltige Veränderungen vollzogen. Die Hunde müssen diszipliniert vor dem Schlitten arbeiten können, ohne dass ein Gewirr in den Zugleinen entsteht. Sie müssen auf die kleinsten Anweisungen ihres Mushers hören - ohne Diskussion. Sie müssen extrem ausdauernd und zugleich schnell sein. Sie müssen eine starke Hemmbarkeit haben und darauf verzichten können, ihren Impulsen unmittelbar zu folgen. Die müssen stur ihre Arbeit verrichten und dürfen sich während der Zugarbeit nicht von einem Schneehasen ablenken lassen. Die Hunde müssen genauso ihr Temperament herunterfahren und tagelang ruhig an einer Stelle auf ihren Einsatz warten können. Sie sollen zudem gute Jäger sein, auch um sich selbst zu versorgen; zugleich sollen sie aber nicht weglaufen. Schlittenhunde denken sogar mit. Sie berechnen bei der Wahl ihrer genauen Route die Breite und Höhe des Schlittens samt hinten stehenden Mushers mit ein. So unterfahren sie keinen Baum mit einem Ast, der den Menschen hinten umhauen könnte. Das ist eine mentale Leistung, zu der selbst Pferde nicht in der Lage sind.

An solchen Eigenschaften merken wir, wie weit sich diese äußerlich wolfsähnlichen Hunde bereits von ihrem Ahnen entfernt haben. Heutige Rassehunde wie Husky oder Malamute tragen dieses uralte Erbe der Schlittenhunde noch immer lebendig in sich. Wir können es eindrucksvoll erleben. Wenn die Schlittenhunde merken, dass es bald vor den Schlitten geht, sind sie in höchster Anspannung und Erregung. Sie fiebern regelrecht dem Moment entgegen, wenn es losgeht. Das Verhalten vor dem Schlitten müssen Junghunde zwar noch perfektionieren. Doch die Basis ist ihnen bereits in die Gene gelegt. Das ganze Repertoire im Körperbau und vor allem im Verhalten ist angeboren - samt dieser Freude auf diese Arbeit. Mit ein paar Wölfen vor dem Schlitten würde selbst der erfahrenste Musher dagegen kaum 100 Meter weit kommen. Wenn er die Wölfe überhaupt erst einmal einspannen könnte. Wölfe würden sich mit allen Mitteln wehren, ein Geschirr umgespannt zu bekommen. Sie würden die Zugleinen im Nuh und mit Leichtigkeit zerbeißen. Wölfe als Zugtiere ist eine weltfremde, fast irrationale Vorstellung. Mir ist kein Beispiel bekannt, dass dies je dauerhaft gelungen wäre. Selbst Wolf-Hund-Hybriden, immer wieder versucht, taugen höchst selten als Schlittenhund.

Der Verhaltensbiologe Eric Zimen war einer der angesehensten Wolfsforscher seiner Zeit. Er versuchte einmal, seine vier handaufgezogenen, knapp einjährigen Jungwölfe, die mit ihm auf seinem Bauernhof lebten, vor den Schlitten zu spannen. Die zahmen Wölfe ließen sich trotz zahlreicher Versuche und schrittweiser Gewöhnung nur widerwillig in das extra für sie angefertigte Geschirr zwängen. Zugleinen zerbissen sie sofort. So musste Zimen Ketten nehmen. Obwohl er als Lead vorne das Gespann persönlich führte, endeten die Fahrten ganz schnell als „*Kettensalat*", wie er berichtet. Jeder Wolf machte was er wollte, keiner was er sollte, aber alle machten mit. Es kam zu wilden Beißereien untereinander. Die Wölfe gaben sich gegenseitig die Schuld an ihrem angeketteten Malheur. Der erfahrene Wolfsexperte stellte diese Versuche daraufhin für immer ein.

So wundert auch das Ergebnis einer internationalen Forschergruppe um Mikkel-Holger Sinding von der Universität Kopenhagen nicht, das 2020 veröffentlich wurde. Sie untersuchten das Genom von zehn heutigen Grönlandhunden und verglichen es unter anderem mit den Daten der Hunde, die Vladimir Pitulko und Aleksey Kasparov ausgegraben hatten. Ihr Ergebnis: Es ließ sich eine 9.500 Jahre andauernde klare Abstammungslinie der Schlittenhunde nachweisen. Vermischungen mit Wölfen gab es in all diesen Jahren so gut wie nie.

Auf Hundeschlitten nach Amerika

Die Praxis der Paläo-Eskimos des Nordens zeigt, wie weit diese Verwandlung vom wilden Wolf zu unserem Freund und Helfer bereits in der späten Altsteinzeit vorangeschritten war. Ich habe oben von den Nenzen berichtet und deren enger Verbindung mit ihren Samojeden-Hunden in praktisch allen Facetten ihres Lebens. Können wir uns ernsthaft eine Besiedelung des Nordens ohne Hunde vorstellen? Ich denke nein. Realistisch gesehen hätte der Mensch diesen Lebensraum ohne Support durch seine Hunde bestenfalls für mehrtägige Jagdexpeditionen betreten können. Die Mammutjägerkulturen, wären in ein paar kleinen Gebieten ganz im Süden und Westen Eurasiens gefangen gewesen. Ohne Hunde wäre ein dauerhaftes Leben dort, während der Eiszeit, unmöglich geblieben. Und noch bis vor kurzen sicher nicht nördlich des Polarkreises.

Hätte es der Homo sapiens vor den Wikingern und vor Kolumbus bis nach Nordamerika geschafft? Die meisten Archäologen sind sich einig, dass die ersten menschlichen Siedler Nordamerikas über die zugefrorene Beringstraße den Sprung von Asien nach Amerika schafften. Dafür hätten sie jedoch hunderte Kilometer durch unbekannte Eislandschaften ziehen müssen. Zu Fuß. Auch hier die Frage, wie das ohne Hundeschlitten mit den ganzen Familien samt Zelten und Hausrat möglich gewesen sein soll. Vielleicht haben die Menschen ihre Schlitten oder Stangen selbst gezogen. Mir erscheint so ein Szenario eher unwahrscheinlich. Kaum ein Clan hätte eine solch lange, höchst gefährliche Reise ins Nirwana ohne effektive Transportoption gewagt. Gut tausend Kilometer durch schneebedecktes, vorher nie betretenes Land, mit ungewissem Ziel - ein solches Abenteuer geht man zusammen mit seiner ganzen Familie nicht so schnell ein. Andere Zugtiere als Hunde gab es zu dieser Zeit noch nicht. Weder Pferde noch Rentiere oder Karibus waren domestiziert. Mittlerweile gilt es als gesichert, dass schon die Paläo-Eskimos Hunde hatten.

Die Hinweise verdichten sich. So schiebt sich das Alter der Hunde Nordamerikas mit jeder Ausgrabung weiter nach hinten. 2018 veröffentlichte Angela Perri vom Max-Planck-Institut in Leipzig einen Bericht zu den ältesten Hunden Nordamerikas. Im Green County, Illinois, ausgegrabene Hundefossilien wurden auf ein Alter von 10.000 Jahren datiert. Sie gelten als Beleg, dass Hunde schon ganz zu Beginn der menschlichen Besiedlung mit dabei gewesen sein müssen; lange vor den Wikingern. Das Max-Planck-Institut für Menschheitsgeschichte in Jena steuert einen weiteren Aspekt bei. Unter Leitung von Stephan Schiffels zeichnet eine internationale Arbeitsgruppe die Route der vorgeschichtlichen Besiedelung Sibiriens und Alaskas nach. Die Wissenschaftler verglichen die Gene von 35 prähistorischen, bis zu 38.000 Jahre alten Menschen mit denen der heutigen Bewohner dieser Regionen. Es zeigt sich, dass direkte Verwandte des in Europa eingewanderten Menschentyps schon vor 40.000 Jahren als Mammutjäger bis in den Nordosten Sibiriens vorgedrungen waren. Dort vermischten sich Teile von ihnen 20.000 Jahre später mit Menschen aus dem Süden Asiens. Die hieraus hervorgegangenen Paläo-Eskimos verbreiteten sich dann in ganz Sibirien. Einzelne Gruppen dieser Paläo-Eskimos wagten später den Schritt über die Beringstraße nach Amerika. Sie scheinen die ersten Menschen auf den nordamerikanischen Festland gewesen zu sein. Die Völker Sibiriens und des hohen Norden Amerikas haben eine eng verwobene Vorgeschichte und kulturelle Tradition. In deren Kulturen spielen Hunde eine hervorgehobene Rolle. Ihre Hunde sind auf Wanderungen und Jagdausflügen immer mit dabei. Und nicht nur Menschen nahmen sehr wahrscheinlich die Route über die verlandete Beringstraße. Selbst Wölfe nahmen dieselbe Route und auch noch zur selben Zeit, um Nordamerika zu besiedeln. Das fand ein anderes Wissenschaftler-Team 2020 heraus.

Ein weiterer Hinweis auf die enge Verbindung dieser Völker mit Hunden betrifft die unmittelbaren Vorfahren der Inuit, die einige Jahrtausende später einwanderten. Anhand umfassender Genom-Analysen konnte man nachweisen, dass die Vorfahren der Inuit zusammen mit ihren Hunden bereits seit mindestens 4.500 Jahren im Norden Amerikas leben. Dazu untersuchte man das Genom von 922 arktischen Hunden und Wölfen aus den letzten 4.600 Jahren. Diese Menschen wie ihre Hunde unterscheiden sich genetisch deutlich von den Paläo-Eskimos und deren Hunden, die dort schon lange lebten. *„Hunde haben in Nordamerika so lange gelebt wie die Menschen"*, sagt die Archäologin Carly Ameen von der University of Exeter, die diese Studie leitete, *„wir zeigen hier, dass die Inuit neue Hunde mit in die Region brachten, die sich genetisch und körperlich von den früheren Hunden unterschieden."* 2021 bestätigte eine weitere Studie diese Ansicht. Es zeigt sich, dass die Veränderungen, die man über die Gene nachvollziehen kann, bei Hunden und Menschen parallel verliefen.

Schlitten schlägt Motorrad

Die Verbindung von Mensch und Hund, wie sie unsere Vorfahren als Basis des Überlebens erfahren durften, hat selbst heute noch einen faszinierenden, wohltuenden Nachklang für unsere Psyche. Es ist ein tiefes Erleben von Kooperation. Ich hatte das Glück, zuweilen das Schlittenhundegespann meiner Arbeitskollegin Daniela Pörtl fahren zu dürfen. Vorne die beiden Siberian Huskys Mary und Poole. Zwei Hunde, mit denen ich sehr gut vertraut bin. Die Hunde sind ganz aufgeregt. Sie freuen sich unüberseh- und unüberhörbar darauf, mit mir durch die winterliche Landschaft fahren zu dürfen. Sie sind höchst angespannt und voll konzentriert auf ihren anstehenden Job. Heute geht es über die Hochebene des Harzes. Es kann ihnen nicht schnell genug losgehen. Dann endlich. Ich habe die Leinen in der Hand, mache die Bremsen los, gebe das Startkommando *„Go"*. Die Hunde ziehen sofort kraftvoll an. Schon nach ein paar Sekunden sind wir erstaunlich schnell. Herrlich. Kein Laut. Nur das Knarzen des Schnees unter den Kufen des Schlittens. Ich bin nun ganz alleine mit Poole und Mary. Die Hunde machen keine Geräusche aber enorme Pace. Ich sehe ihren Atem. Gelenkt wird meist lautlos, nur durch Gewichtsverlagerung. Wie beim Motorrad. Überhaupt ist es wie bei einer herrlichen Tour mit dem Zweirad. Nur noch schöner. Auch hier erlebe ich den Flow. Körper und Geist werden zu einer emotionalen Einheit mit dem Fahrzeug und der durchfahrenen Natur. Bei diesem Fahrzeug meint das noch zwei Herzen obendrauf. Wir ziehen derweil weiter. Wir fahren durch den

Wald zwischen verschneiten, riesigen Tannen. Viel zu schnell sind wir wieder zurück. Ich gebe das Stopp-Kommando an die Hunde, haue die Krallen der Fußbremse in den Schnee. Wir stehen. Ich gehe zu Mary und Poole, bedanke mich mit leichtem Streicheln über die Wangen und die Schulter. Sie schauen mir entspannt und stolz in die Augen. Unsere Augen treffen sich innig in unseren drei Herzen. Es ist eine tiefe Befriedigung, die durch den ganzen Körper strahlt. Bei uns allen dreien. Ja, auch bei den Hunden spüre ich diese tiefe Befriedigung. Sie haben es gerne gemacht, würden am liebsten gleich wieder los. Mein Lob tut ihnen gut. Mir ebenso. Dieses gemeinsame Erleben verbindet auch emotional sehr tief. Abends genießen wir das Erlebte noch einmal am Kamin - Hunde und Menschen zusammen.

Das war jetzt Freizeitvergnügen. Wie tief müssen die Emotionen gewesen sein, wenn von dieser Zusammenarbeit das Überleben der Kinder und der ganzen Familie abhängt? Welche Gefühle müssen sich aufbauen, wenn man im täglichen Kampf ums Überleben immer wieder erleben darf, dass man nicht alleine da steht, dass wir uns auf unsere Hunde verlassen können? Über Generationen hinweg. Wie muss das Gefühl bei den eiszeitlichen Mammutjägern, den Paläo-Eskimos, den alten Inuit oder Nenzen gewesen sein? Und nicht nur im Norden. Wie muss es bei all den Hirtenvölkern gewesen sein, die nur durch die Hilfe ihrer beiden Hunde, der Hüte- und der Herdenschutzhunde, von ihren Herden leben konnten? Wie geht es den urzeitlichen Jägern, deren Jagderfolg durch die Hilfe ihrer Hunde sprunghaft gestiegen war?

Die Bereitwilligkeit der Hunde zur Arbeit in unseren Diensten nutzt der heutige Mensch schamlos aus. Rennsport mit Hunden ist in weiten Teilen zu einer Branche der Unterhaltungsindustrie verkommen samt Wettgeschäft. Mit oder ohne Schlitten. Das professionelle Renngeschehen um den Greyhound ist besonders in Irland ein tierschutzrelevantes, schmutziges Geschäft. In industriellen Zuchtanlagen produziert, werden Welpen systematisch euthanasiert, die keine optimalen Anlagen für den Rennsieger zu haben scheinen - mit EU-Geldern subventioniert. Es sind gesunde Welpen, die nicht einmal ihre Jugendzeit erleben dürfen. Diejenigen, die es geschafft haben, diese Triage zu überleben, werden noch im besten Alter entsorgt, haben sie erst einmal den Zenit ihrer Leistungsfähigkeit überschritten. Ausgemusterte Rennhunde werden erschossen, totgeschlagen oder nach China zum Schlachten exportiert. Nur die wenigsten finden eine Bleibe als Familienhund.

Kaum weniger rücksichtslos gehen manche Musher mit ihren Schlittenhunden um. So bei den ganz großen Rennen wie dem Iditarod. 1850 km durch die tief verschneite, eiskalte Natur Alaskas. Diese Strecke wird in 8 Tagen, 3 Stunden und 40 Minuten erledigt - so der Streckenrekord von 2017. Das sind mehr als 200 km pro Tag und das an acht Tagen hintereinander. Ein Martyrium für die Hunde. Das Rennen führt von Anchorage nach Nome über den Iditarod Trail. Dieser Trail entstand in der Hochzeit der Goldsucher. Im Winter 1925 brach ganz im Norden, in Nome, eine Diphtherieepidemie aus. Die einzige Möglichkeit, das dringend benötigte Serum in die eingeschneite, von zugefrorenem Meer umgebene Stadt zu bringen, waren Hundeschlitten. Ein Staffellauf um Leben und Tod von 20 Mushern mit ihren Schlittenhunden begann. Und sie gewannen den Wettlauf mit der Zeit. Der Impfstoff kam gerade rechtzeitig an. Die Menschen wurden gerettet. Dieses Rennen um Menschenleben ging als *„Great Race of Mercy"* in die Geschichte ein. Im Central Park von New York wurde den Hunden ein großes Denkmal aus Bronze errichtet. Es trägt die Inschrift:

„Gewidmet dem unbeugsamen Willen der Schlittenhunde, der diese im Winter des Jahres 1925 ein Gegengift sechshundert Meilen über ruppiges Eis, durch tückische Gewässer und arktische Schneestürme von Nenana zur Linderung des geplagten Nome tragen ließ. Ausdauer - Treue - Intelligenz".

Streik der Hunde

Diese Wertschätzung der Hunde finde ich bei den modernen Iditarot Rennen kaum wieder. So war das eine gute Nachricht für mich: 2019 kam es zu einem Streik der Hunde. Musher Nicolas Petit verlor seine 5-Stunden-Führung kurz vor dem Ziel. Seine Hunde streikten. Er hatte einen seiner Hunde angebrüllt. Danach zeigte das ganze Rudel kein Interesse mehr und bewegte sich nicht einen Schritt weiter. Streik! Petit ist ratlos und erklärt gegenüber der Presse, dass seine Hunde gut genährt seien und es kein medizinisches Problem gäbe, das sie davon abhielte, aufzustehen und zu laufen. *„Es ist nur eine Kopfsache"*, sagt er: *„Wir werden sehen, ob eines dieser Hundeteams, die vorbeikommen, sie überhaupt aufweckt."* Vielleicht sollte Petit mal sein eigenes Verhalten auf den Prüfstand stellen. Er hatte einen der Hunde bestraft. Es war der Leithund. Es war kurz vor dem Ende, er war der Führende. Das heißt, alle Hunde hatten wirklich alles gegeben, waren am Ende ihrer Kräfte. Sie empfanden die Strafe gegenüber einem Mitglied ihres Teams als ungerecht, sahen sich alle als bestraft. Hunde haben ein feines Gefühl für Gerechtigkeit. Ungerecht behandelt zu werden, tolerieren diese hochsozialen Teamplayer nicht. Dann verweigern sie ihre Zusammenarbeit.

Dieser Sinn für Gerechtigkeit konnte in wissenschaftlichen Studien nachgewiesen werden. Der hochentwickelte Gerechtigkeitssinn ist Teil ihrer auf Kooperation ausgelegten Psyche. So war der Teamgeist zerstört worden und damit die Bereitschaft der Hunde zur Kooperation mit ihrem Musher Nicolas Petit.

Es kommt noch härter. In der Hundeschlitten-Szene ist es kein Geheimnis: Manche, von *„sportlichem"* Ehrgeiz getriebene Musher, *„entsorgen"* diejenigen Hunde, die am Ende einer Saison ausgelaugt sind und für das Gewinnerteam der nächsten Saison kein Plus mehr abgeben. Nicht selten werden sie der Reihe nach mit dem Revolver erschossen. Ähnlich gehen viele Veranstalter von Schlittenhundetouren für Touristen vor. Bekannt wurde das Massaker im kanadischen Whistler, wo nach den Olympischen Spielen 2010 der Veranstalter „*Outdoor Adventures*" mindestens 56 Huskys von einem Angestellten per Revolver erschießen ließ, um sie nicht durch den Sommer füttern zu müssen. Eine verbreitete Praxis nicht nur in Nordamerika wie Jose-Carlas Garcia-Rosell, Projektleiter bei Animal Tourism Finland, zu berichten weiß. Alleine in Finnland werden nach seinen Angaben nicht weniger als 4.000 Schlittenhunde für die Tourismusindustrie gehalten. Und zuweilen entsorgt. Selbst unter deutschen Musher sind solche Praktiken keine Seltenheit. Etwa wenn sie an Rennen in Kanada oder Alaska teilgenommen haben. Dann wird zuweilen eiskalt kalkuliert, welche Hunde sie auf den Flug zurück nach Deutschland mitnehmen. Sie entledigen sich des „*Ballastes*" gleich vor Ort.

Das ist der Dank des heutigen Homo sapiens, des vermeintlich so dem Tierschutz verpflichteten, an seine vierbeinigen Gefährten, die für ihn alles geben. In seiner menschlichen Arroganz kommt selbst bei manchen solcher Menschen, die als Musher die Teamarbeit zusammen mit ihren Hunden aufs Engste erleben dürfen, nicht einmal der Ansatz eines Gedanken an Ehrfurcht und Dankbarkeit.

10 Was ist Besitz ohne Bewachung wert?

Alle modernen Gesellschaften bauen auf privatem Besitz. Der macht nur Sinn, wenn dieser bewacht und beschützt werden kann. Das besorgen Hunde - zuverlässig und preiswert.

Heute ist es nur noch lästig, wenn Hunde bellen. Wir fühlen uns eh schon gestresst. Dann noch dieser nervende Alarmton. Hunde passen auf. Alle Hunde machen das. Früher sollten sie genau das tun, absolut zuverlässig, auch bellen. Ein Hund, der keinen Fremden meldete, sich diesem im Zweifelsfall nicht knurrend entgegenstellte, taugte nichts. Es war eine der Grundeigenschaften, die wir Menschen vom Hund über tausende Jahre als selbstverständlich erwarteten. Manche Hunderassen wie der Spitz sind von Generation zu Generation genau für solche Eigenschaften optimiert worden. Da fällt es schwer, in einer Etagenwohnung die Schnauze zu halten. Die Lebensweise der Menschen hat sich binnen nur zwei oder drei Generationen radikal gewandelt. Und so änderten sich die Wünsche an den idealen Hund ebenso.

Mit Viehhaltung und Ackerbau entstand persönliches Eigentum an Grund, Boden, Waren, Tieren sogar an Menschen, den Sklaven. Für uns ist es selbstverständlich geworden, dass Land, Immobilien, Werkzeuge, Vieh, Waren in Privatbesitz sind. Das war längst nicht immer so. Ganz im Gegenteil. Dieses Recht ist - evolutionär gesehen - eine ganz junge Erscheinung. „Besitz" musste sich erst einmal herausbilden. Land war zuvor, wenn überhaupt, im Besitz einer Gemeinschaft. Es wurde lediglich in Beschlag genommen, von denjenigen Menschen, die dieses Land persönlich mit ihren eigenen Händen bearbeiteten. Die Besitznahme wurde nicht durch einzelne Menschen vielmehr durch Gemeinschaften, Stämme, Clans vollzogen. Der „Besitz" des Steinzeit-Clans war ihr Lebensraum. Es ist vergleichbar mit einem Revier, das viele Tierarten abstecken. Damit verteidigen sie lediglich das Areal, das ihre Nahrungsgrundlage darstellt, das sie unmittelbar zum Überleben brauchen.

Erst mit dem Ende der Altsteinzeit war die neue Form des individuellen, persönlichen Besitzes entstanden und verbreitete sich nach und nach über den gesamten Globus. Dieser Besitz ging nach und nach weit über das hinaus, was der Besitzer bearbeiten konnte und was er zum Überleben brauchte. Im Gegenteil. Die Besitzer des Landes brauchten die Arbeitskraft anderer Menschen, um ihren Besitz überhaupt nutzen zu können. Das ging auf der sozialen Seite Hand in Hand mit der Herausbildung unterschiedlicher Gruppen von Menschen. Individuen mit unterschiedlichen Rechten, mit immer weiter differenzierter sozialer Stellung und systembedingten immer krasseren Einkommensunterschieden - Klassengesellschaften. Solcher Besitz schafft Konflikte.

Cave Canem - ungeschützter Besitz ist wertlos

Persönlicher Besitz muss immer vor dem Zugriff der anderen geschützt werden. Wer mehr hat, zieht die neidischen Augen der anderen auf sich. Wer sehr viel mehr hat, wird das Ziel von Wut und Gewalt. Wo Not herrscht, wird der Zugriff auf Besitz an Land und Vorräten zur Überlebensfrage. Wer darf auf die Ressourcen der Natur zugreifen? Der eine hat mehr als er braucht, die anderen nur den Mangel genau an dem. Abgrenzung auf Grundlage von Ungleichheit ist der eigentliche Sinn dieser gesellschaftlichen Instanz. Das gilt besonders dann, wenn Besitz ungleichmäßig und in den Augen Anderer gar ungerecht verteilt ist. Eine solche Ungleichheit ist immer der Fall. Wäre alles gleich verteilt, würde man die Instanz Besitz nicht brauchen. Besitz bedeutet Ungleichheit. Besitz muss also beschützt und verteidigt werden.

Vor 2.000 Jahren warnten die Bürger von Rom und Pompeji mit einem *„Cave Canem"* vor unbefugtem Zutritt zu ihren Stadtvillen. Der Hund war über Jahrtausende hinweg die einzig praktikable Lösung. Kein Besitz ohne Hund. Zuweilen schützten dicke, mit Palisaden bewehrte Mauern die großen Anwesen. Selbst diese konnten Diebe im Zweifelsfall nicht abhalten. Und, noch wichtiger: Ohne zweibeinige Wächter ging es nicht. Die kosten Geld. Dagegen ist es praktisch, wenn ein Wächter den Eindringling zugleich beeindrucken und notfalls verjagen konnte und dann auch noch on top diese oder jene Maus oder Ratte beseitigte und den Marder aus der Nähe des Hühnerstalls verjagte. Der Hund machte fast alles und kostete fast nichts.

Wie hätten Lösungen ohne Hund ausgesehen? Sie müssten praktisch, 100% zuverlässig, überall verfügbar, universell einsetzbar und zudem preisgünstig sein. Der Hund bot diese Dienstleistung im Gesamtpaket. Wer sonst? Alle Gesellschaften der Menschheit - nach denen den Jägern und Sammlern - basieren fundamental auf dem Privateigentum an Produktionsmitteln, was ich hier unter dem Begriff *„Besitz"* zusammenfasse. Der Schutz des Privateigentums ist ein unverzichtbares Element für das Funktionieren aller modernen Gesellschaften. Hier war der Hund als Wächter und Beschützer absolut unverzichtbar. Die elementare Funktion des Hundes galt in ihren Ausläufern noch bis vor ein oder zwei Generationen. Allein angesichts dieser einen Funktion müssten die Geschichtsbücher umgeschrieben werden. Wo aber steht etwas vom Dank für 10.000 Jahre zuverlässige Wach- und Schutzdienste? Wo etwas von der gesellschaftlichen Bedeutung einer praktikablen Lösung für den Schutz von Besitz? Mit diesem Hintergrund kann man auf einen ganz gewöhnlichen Hund, so den

Spitz, mit ganz anderen Augen schauen. Und vom Spitz will ich nun erzählen.

Spitz - der Wachsame

Früher wachte ein Spitz über jeden zweiten Bauernhof landauf, landab. Er hat eine ganz spezielle Geschichte. Im Mittelalter war es Bauern streng untersagt, auf die Jagd zu gehen. Das niedere Wild war für den niederen Adel, das Hochwild, etwa ein Hirsch, exklusiv für den Hochadel reserviert. Für das einfache Volk blieb da nichts übrig. Den Wald samt seiner Tiere hatte sich der Adel als Besitz einverleibt. Er war zum Privateigentum geworden. Die Jagd wurde zu einem Privileg, „Recht" genannt, das sich der Adel vorbehielt. Ein archaisches, über die gesamte Entwicklung der Menschheit seit den Tagen der Jäger und Semmler, selbstverständliches, „Recht" war inzwischen ausgehebelt worden. Dagegen rebellierte das Volk.

Mit drastischen Maßnahmen gingen Adel, Klerus und Patrizier gegen so genannte Wilderer und wildernde Hunde vor. Wurde ein Bauer als Wilderer erwischt, drohten ihm drakonische Strafen. Das ging bis zur Todesstrafe. Genauso rabiat ging man gegen wildernde Hunde des einfachen Volkes vor. So wurde einst der Erlass herausgegeben, sämtliche Bauernhunde zu verkrüppeln, indem ihnen mindestens eine Pfote abgeschnitten werden solle. Mit solch drastischen Maßnahmen sollte das Wildern unmöglich gemacht werden. Doch selbst eine solche Tierquälerei reichte den Machthabern zuweilen nicht.

Im Februar 1489 beschloss der Rat der Stadt Zürich unter Bürgermeister Hans Waldmann, dass wegen angeblicher Wildschäden sämtliche Hunde der Landbevölkerung getötet werden sollten. Das provozierte eine Rebellion. Das Volk begehrte auf. Die empörten Bauern ergriffen Bürgermeister Waldmann. Im Schnellverfahren wurde ein Todesurteil gefällt und sofort vollstreckt. Ihm wurde der

Kopf durch das Schwert vom Körper getrennt, wie die Chronik vermerkt. So geschehen am 6. April 1489. Die Menschen hatten ihre Hunde verteidigt. Das blieb kein Einzelfall. Immer wieder stellten sich die Menschen vor ihre Hunde. Sie wollten ihnen die von den Obrigkeiten aufgezwungene Tierquälerei ersparen. Aber man ging zugleich mit Geschick vor. Nach und nach wurde den Hofhunden der Jagdtrieb weggezüchtet. Ein schwieriges Unterfangen. Zum einen ist Jagen ein elementarer, tief verankerter, lebenserhaltender Trieb jedes Caniden. Zum anderen wussten die Bauern einen gewissen Jagdtrieb durchaus zu schätzen. Innerhalb der Höfe sollten die Hunde Jagd auf Ratten, Marder oder Füchse machen. Sie sollten sich schlicht um alles kümmern, womit die Hauskatzen nicht fertig wurden. Auf dem Hof jagen, dagegen draußen nein - kein einfaches Unterfangen. Aber es gab keine Alternative.

So entstand der heutige Spitz. Er hat kaum mehr Drang zur Wilderei. Er ist sehr eng an seinen Hof gebunden, den er mit Inbrunst bewacht. So wurde er schließlich zur Hunderasse mit dem am geringsten ausgeprägten Jagdtrieb nach Schoßhunden wie Mops und Malteser. Anstellungen als Hofhund sind heute selten geworden. Ein Spitz macht sich heute als Begleiter ganz hervorragend. In der Etagenwohnung einer Großstadt hat er zuweilen Probleme, seine alte Aufgabe zu vergessen. Doch eigentlich hätte der Spitz eine viel größere Beliebtheit verdient. Er ist charmant, intelligent, gelehrig, kinderlieb, treu und sehr robust.

Basko - der sanfte Wächter

Es gibt seit Urzeiten neben dem Spitz viele weitere Hunderassen für den Job des Hofwächters. Besonders Hofwächter mit einem höheren Abschreckungspotenzial. In einem Gesetzestext der späten Germanen des sechsten Jahrhunderts wird vom Houvavart berichtet. „*Houva*" steht für Hof und „*vart*" für Wächter. Der heutige Hovawart ist ein stattlicher Hofwächter. Er wurde in der gedanklichen und funktionellen Tradition dieser alten Hofwächter Germaniens nachgezüchtet.

Befreundete Nachbarn hatten Basko, einen kräftigen Hovaward-Rüden. Er musste in einem Vorort von Halle an der Saale Haus, Hof und Garten mit etwa 5.000 qm bewachen. Der ideale Job für ihn. Basko war lammfromm zu meinen Nachbarn und deren Kindern sowie zu den Freunden der Familie. Ich durfte diesen treuen, charaktervollen Freund vom Welpen bis zu seinem letzten Tag, altersschwach, eingekauert auf dem Acker liegend, begleiten. Bei einer Grillparty im Sommer kam es schon mal vor, dass man im Dämmerlicht ein wenig durch die Rabatten der Tomaten zog. Plötzlich stand Basko dicht vor mir, wie aus dem Nichts kommend, vollkommen lautlos. Imposant, keinen Zweifel an seiner Entschlossenheit lassend und zugleich absolut cool. So bewachte er sein Reich. Unsere Nachbarn konnten ihre beiden Töchter, als sie noch klein waren, bedenkenlos alleine auf dem Hof lassen, wenn es mal aufs Dorffest ging. Basko passte auf. Am Hoftor konnte er zuweilen mächtig Krach machen. Er wusste immer genau, wer davor stand – bekannt oder unbekannt. Manche Leute konnte er nicht leiden. Da musste man ihn schon mal wegsperren, sicherheitshalber. Basko verrichtete seine Arbeit absolut zuverlässig, Tag und Nacht bei jedem Wetter. Der treue Wächter und Beschützer wurde 14 Jahre alt ohne je krank zu sein. Im Übrigen war er Vegetarier. Am liebsten fraß er Reste vom Mittagstisch: Kartoffeln mit Gemüse oder alternativ Gemüse mit Kartoffeln.

Heute sollen unsere Hunde den *„Everybodies Darling"* machen. Dass Hunde wehrhaft und „scharf" sein können oder gar sollen, gilt als ein Tabu und Verstoß gegen die ungeschriebenen Regeln der Political Correctness. Der heutige Hund muss sich jede Aufdringlichkeit eines Menschen gefallen lassen. Er darf nicht einmal Einspruch erheben. Schon ein Knurren wird kaum mehr toleriert. Hier vergisst der so tierliebe Europäer allzu oft, welche Eigenschaften über Jahrtausende als Basics eines guten Hundes galten. Unsere Gesellschaft kommt nicht auf die Idee, dass der heutige materielle Wohlstand zu einem elementaren Teil auf diesen, heute so stigmatisierten Fähigkeiten der Hunde baut. Ohne Bellen, Knurren, Zwicken und im Zweifelsfall auch Beißen gäbe es keinen Besitz und in Folge auch unseren Wohlstand nicht. Doch ich will nicht verhehlen, dass das Verantwortungsbewusstsein der Hunde zuweilen Blüten treiben kann. Das erlebte Konrad Lorenz, Begründer der Verhaltensbiologie und Nobelpreisträger ganz persönlich.

Bonzo - der den Nobelpreisträger biss

Denn es gab noch einen weiteren, speziellen Typ Wächter. Der Bulldog, so wie er in den Zeichentrickfilmen Walt Disneys gezeichnet wird. Grimmig in der Erscheinung, herzlich im Wesen. Scheinbar apathisch vor seiner Hütte dösend - explosionsartig, zähnefletschend samt Hütte an der Kette schießt er hervor, wenn es um seine Pflichten geht: Herrchen und Frauchen verteidigen. Butch - the Bulldog, galt als etwas einfältiger jedoch unbestechlicher Wächter bei Walt Disney.

Das sollte Konrad Lorenz spüren. Bonzo, so hieß der Bulldog-Rüde guter Nachbarn, war der einzige Hund, von dem der berühmte Hundekenner je gebissen wurde. Eigentlich kannten sich Bonzo und Lorenz ganz gut. Doch eines Tages hatte es Lorenz eilig. Er fuhr mit seinem Motorrad in schwarzer Lederkombi, den Helm auf dem Kopf, hastig auf das Grundstück der Nachbarn. Bulldog Bonzo witterte Gefahr. Und handelte sofort. Entschlossen fuhr er dem Nobelpreisträger durch das Leder ins Gesäß. Erbost zog Lorenz seinen Helm vom Kopf und gab sich zu erkennen. Bonzo durchfuhr der Schrecken ruckartig wie ein Blitz. Er war sichtlich berührt und voller Demut, dass er einen Freund als Feind verwechselt hatte. Lorenz notiert: *„Selbst als wir einander etliche Tage später zufällig auf der Straße begegneten, begrüßte er mich nicht wie bisher mit Emporspringen und plumpen Scherzen,* *sondern nahm die beschriebene Demutsstellung an und gab mir die Pfote, die ich herzlich schüttelte."*

11 Wie entstand der Hund?

Waren die ersten Hunde Schmarotzer, die sich an den Abfällen der Menschen gut taten? Oder sind sie Gefährten, die seit der Steinzeit mit uns durch dick und dünn gehen? Die Antwort geben unsere Hunde selbst. Wir müssen nur etwas genauer hinschauen.

Der Hund entstand nicht in Arizona, USA. Aber mein Versuch einer Antwort fängt genau dort an. Es ist eine herrliche Atmosphäre auf dem Campus der University of Arizona. Strahlend blauer Himmel und jetzt gegen zehn am Morgen ideale 26°. Die Luft ist trocken, weiträumige Grünanlagen, üppig wachsende Bäume, Palmen und Kakteen auf dichtem Grün. Alles blitzsauber. Bei Starbucks in der Memorial Hal, dem Hauptgebäude der Universität mit 43.000 Studenten, habe ich mir gerade einen Kaffee To-Go geholt. Genau hier soll ich um 14 Uhr einen Vortrag halten. Ich werde über die Entstehung des Hundes referierten. Hier startet die 1. Nordamerikanische Canine Science Conference. Ich soll gleich der erste Redner sein.

Angespannt, aufgeregt, ja, auch stolz und ein wenig wackelig. Nicht wegen meiner provokanten Thesen, die ich hier vortragen will. Ich bin erst in der Nacht vor ein paar Stunden angekommen. Von Berlin über London-Heathrow, San Franzisco, dann Phoenix, Mietwagen, Hotel, kaum geschlafen. Selbst das drückt mein Adrenalinspiegel locker weg. Es sind die Auffassungen von Ray Coppinger, dem in den USA und speziell an dieser Uni sehr beliebten Professor der Verhaltensbiologie. Ihm genau will ich meine Thesen zur Entstehung des Hundes direkt entgegen stellen. Nur, Ray ist vor vier Wochen gestorben. Da war das Programm der Konferenz längst gedruckt.

Es kommt, wie ich es befürchtet hatte. Zur Eröffnung der Konferenz strahlt der Beamer ein überlebensgroßes Foto von Ray Coppinger an die Wand, in schwarz-weiß. Clive Wynne, der Versammlungsleiter, hält eine Laudatio auf seinen verstorbenen Freund. Er bittet um eine Gedenkminute. Dann erklärt Gregor Larson, ein Oxford-Professor, die Konferenz als eröffnet. Jetzt ist es an mir. Ich klicke durch meine Powerpoints, trage meine Argumente vor, pariere die Fragen danach. Alle sind kritisch aber wohlwollend. Jessica Perry Hekman, Rednerin kurz nach mir, bezieht sich zustimmend auf das von mir vorgestellte Modell der *„Aktiven sozialen Domestikation des Hundes“*. Das beruhigt. Langsam löst sich alles in befriedigende Entspannung und Erschöpfung auf. Ich habe meinen Vortrag einigermaßen fehlerfrei durchgebracht. Mitten in der Höhle des Löwen. Nicht wenige der hier versammelten Wissenschaftler sind Ray's persönliche Schülerinnen und Schüler. Auch Clive, der Chef hier, der Psychologie-Professor. Er leitet das Canine Science Collaboratory der University of Arizona und einen Wolfspark in Illinois. Was wird noch kommen?

Kritik an der alten Schule

Die Schule der Coppingers zur Entstehung des Hundes die mit Abstand populärste unter den Verhaltensbiologen. Lorna und Ray Coppinger hatten um die Jahrtausendwende ihr Modell von der Domestikation des Hundes auf den ersten Müllkippen der Menschheit veröffentlicht. Ihre Vorstellung: Nachdem die Menschen sesshaft geworden waren, entstanden Müllkippen. Diese zogen Wölfe an. Die freundlicheren Wölfe wurden eher geduldet. Sie konnten daher länger fressen. Die aggressiven wurden verjagt oder getötet. Die sozial toleranteren hatten den Vorteil, sich länger an den Hinterlassenschaften der Menschen bedienen zu können. So selektierte sich von selbst der Hund heraus. Streunern und Müllfressen sei die natürliche Lebensform des Hundes. Menschen hätten keinen Nutzen durch den Hund. Der Hund sei nüchtern als Schmarotzer im Biotop des Menschen zu kennzeichnen.

Ray Coppinger stellt Hunde mit „*nutzlosen*" Stadttauben und Ratten auf eine Stufe. Kurzerhand mit allen Tieren, die sich von den Abfällen oder Vorräten der Menschen ernähren - eben Schmarotzern. Aus der Sicht solcher Verhaltensbiologen eine nüchterne Feststellung.

Die Vertreter dieses Modells verweisen darauf, dass heute die große Mehrheit der Hunde in Afrika, Südamerika und Asien als Streuner leben. Unterstützung erhalten die Coppingers von der Verhaltensbiologin Friederike Range vom Clever Dog Lab der Uni Wien. Sie und ihr Team charakterisieren den grundsätzlichen Unterschied zwischen Wolf und Hund ganz ähnlich: Das Wesen des Wolfes sei der gemeinschaftlich arbeitende Jäger auf Huftiere. Der Hund sei dagegen am treffendsten als streunender Müllfresser charakterisiert. Die Rassen der Hunde seien folglich ein künstliches Produkt aus dem viktorianischen Großbritannien, erst mit der modernen Rassehundezucht entstanden und gerade einmal 150 Jahre alt.

Zunächst fand ich es verwunderlich, dass diese Sicht auf den Hund und ein Tier ganz allgemein große Zustimmung in der Wissenschaftsgemeinde hat. Die Faktenlage ist nie wirklich geprüft worden. Auf der Konferenz wurde mir klar warum. Denn hier hörte ich einige Referate über die Bedeutung des Hundes für die Alters-, Krebs- und Pharmaforschung. Die Pharmaindustrie hat den Hund als Modellorganismus entdeckt etwa für ihre Forschung an Psychopharmaka der neuen Generation. Diese sollen auf Eingriffe in die Genetik basieren. Dasselbe Prinzip, wie es in den Impfstoffen gegen das Covid-19 Virus angewendet wird. Da Hunde seit mindestens 20.000 Jahren in engster Hausgemeinschaft mit Menschen leben und sich ähnliche Domestikationsmerkmale entwickelten, ist deren Erforschung ideal als Vorstufe in Richtung Anwendung beim Menschen. Das gab der Forschung zum Hund einen ungeahnten und äußerst finanzstarken Impuls.

Die Schule der Coppingers ist zudem voll kompatibel zur herrschenden Denkweise nicht-menschlichen Tieren gegenüber. Es ist die Denkweise des Viehhalters, unsere Denke, die Tiere abwertet und Massentierhaltung zulässt. So werden auch die Interessen der Nahrungsmittelindustrie mit Billigfleisch und Massentierhaltung nicht tangiert. Es wundert es nicht, wenn führende Medien wie BBC, New York Times oder National Geographic dieses Modell verbreiten und von einer angeblich geklärten Sachlage in Sachen Entstehung des Hundes als Müllfresser sprechen. Sie verbreiten dieses Konzept in Artikeln, Videos und Dokumentation wie „The Secret Life Of The Dog", das im deutschen TV zur besten Sendezeit ausgestrahlt wurde. Mein Vortrag auf der 1. Nordamerikanischen Canine Science Conference im Oktober 2017 war der erste offene Angriff auf diese Sichtweise in der wissenschaftlichen Diskussion.

Schon als ich viele Jahre zuvor, um 2000, das erste Buch der Coppingers las, hatte sich mein tiefstes Inneres gegen diese Sicht auf Tiere gesträubt. Es passt nicht in meine persönlichen Erfahrungen von frühester Kindheit an. Mein erster Freund war Boxer Asso mit dem ich schon spielte, als ich noch nicht laufen konnte. Ich habe Hunde von quasi meiner Geburt an immer als verlässliche Partner erlebt, mit denen man etwas zusammen unternehmen kann. Hunde haben mir immer ein Gefühl der Geborgenheit geschenkt. Sie waren mir verschworenen Gefährten. Nie käme mir das Gefühl oder der Gedanke an einen Schmarotzer. Sie haben mir viel gegeben. Ein Schmarotzer tut das nicht.

Zunächst wurden mir auf der Konferenz in Phoenix genau solche Sentimentalitäten als unwissenschaftlich unterstellt. Aber es gab schon damals erste Zustimmung, so von James A. Serpell, einem der weltweit führenden Hundeexperten. Zunächst, meist noch unter vorgehaltener Hand, abends nach ein paar Bier bei den von Mars-Royal Canin oder Nestlé-Purina abwechselnd gesponserten Social

Events. Ende 2018 durfte ich mit Daniela Pörtl, Neurologin und Psychiaterin, die mit mir das Modell der *„Aktiven sozialen Domestikation des Hundes"* entworfen hat, der *„Psychology Today"* ein Interview geben. Im größten amerikanischen Psychologie-Magazin konnten wir unsere Ansichten zur Domestikation des Hundes im Interview mit Professor Mark Bekoff ausführlich darlegen. Und James Serpell hat 2021 in seinem Artikel *„Commensalism or Cross-Species Adoption? A Critical Review of Theories of Wolf Domestication"* genau das publiziert, was er mir damals noch unter vorgehaltener Hand anvertraut hatte.

Lebensmittel als Müll

So passen alleine schon die basalen Parameter des Müllfresser-Modells nicht. Früher wurden keine essbaren Abfälle einfach so auf den Müll geworfen, wie es die Coppingers unterstellen. Schon gar nicht in der Nähe von Siedlungen. Das würde nur ungebetene Gäste, Beutegreifer, anziehen. Die Aasfresser, die als erste kommen, sind zudem Füchse und Bären, weniger Wölfe. Kein Fuchs oder Bär, kein Koyote und keine Hyäne wurden je domestiziert, obwohl sie noch heute gerne im Müll wühlen. Das praktizieren Füchse derzeit sogar mitten in Berlin und London. Trotzdem wurde der Fuchs nie domestiziert. Wölfe meiden die Nähe des Menschen, auch beim Müll. Und auch hier zeichnet die praktische Erfahrung ein anderes Bild: Gerade diejenigen Wölfe, die sich an die Nähe menschlicher Siedlungen gewöhnt haben, bilden potenziell die größte Gefahr für Menschen. Soweit so gut.

Inzwischen wissen wir sehr sicher, dass der Wolf längst zum Hund geworden war, lange bevor die ersten Siedlungen und die ersten Müllhalden entstanden. Der Hund existierte selbst nach konservativen Ansichten bereits mehr als 10.000 Jahre vor diesen. Die Jäger und Sammler haben im Übrigen alles verwertet inklusive der Innereien,

Knochen, Knorpel und Sehnen. Da blieb von einem Wollhaarmammut kaum genug übrig, was eine Gruppe Wölfe dauerhaft hätte satt machen können. Es gab schlicht keine Lebensmittel als regelmäßigen Müll. Das gebot unseren Vorfahren alleine schon ihre Achtung vor den Mitlebewesen. Damals.

Unsere heutige Wegwerfgesellschaft ist gerade einmal zwei oder drei Generationen alt. Es ist eine ganz neue Erscheinung in der Geschichte der Menschheit, dass so verächtlich mit den Ressourcen der Natur umgegangen wird, speziell auch Tieren. Ich lese, dass 1,3 Milliarden Tonnen Nahrungsmittel weggeschmissen werden. Jedes Jahr. Nicht weniger als ein Drittel der landwirtschaftlichen Produktion landet auf dem Müll. Mit *„Green-Washing"* wird über diese Realität hinweggetäuscht. Noch in der Generation meiner Eltern war es so, dass das Wegwerfen - neudeutsch *„entsorgen"*- von Lebensmitteln als Frevel galt. Ein absolutes Tabu. Wenn eine Mahlzeit gekocht wurde, war es von vorne herein Teil des Essensplans, wie eventuelle Reste verwertet werden. Viele ehemalige Resteessen wurden auf diese Weise sogar zu Klassikern auf den Speisekarten der Restaurants.

Hunde tragen ihre Jobs in den Genen ...

Wissenschaftler um Evan MacLean von der University of Arizona und Bridgett vonHoldt von der Harvard University haben 2019 eine Untersuchung mit nicht weniger als 17.000 Hunden veröffentlicht. Zum ersten Mal werden in einer wirklich repräsentativen Studie Hunderassen hinsichtlich spezieller Verhaltensmerkmale untersucht. 101 Hunderassen wurden einbezogen. 100.000 Loci, das heißt Stellen in den Genen all dieser Hunde wurden verglichen. Dann erfasste man das Verhalten der Hunde. Durch die riesige Stichprobe konnten schließlich fundierte Aussagen über rassebedingte Unterschiede im Verhalten getroffen werden. 131 Genabschnitte wurden gefunden, denen 14 Verhaltensmerkmalen eindeutig zuzuordnen sind. Bei allen zeigten sich signifikante Unterschiede zwischen den Hunderassen, also Unterschiede, die über eine individuelle Streuung innerhalb einer Rasse hinausgehen. Diese konnten zudem eindeutig dem Erbgut zugeordnet werden. Sie sind also genetisch bedingt. Sie sind ein in den Genen veranKerter Ausdruck der Koevolution mit uns Menschen.

Ich habe Professor MacLean gefragt, was das über die Persönlichkeit des einzelnen Hundes aussagen würde. Er sagte mir: *„Im Durchschnitt treffen diese Aussagen zu. Aber nicht unbedingt im Einzelfall. So gibt es auch innerhalb der einzelnen Rassen eine breite Streuung im Verhalten. Ein Beispiel: Sind Männer auf Gruppenebene tendenziell größer als Frauen, so gibt es doch viele einzelne Frauen, die größer sind als einzelne Männer. Dasselbe gilt für die meisten Verhaltensmerkmale der Rassen. Auch wenn eine Rasse im Durchschnitt ein bestimmtes Verhalten zeigt, wissen wir nie genau, was wir bei dem einzelnen Hund bekommen werden. Wir wissen nur, was wir im Durchschnitt erwarten dürfen. Nur weil wir in unserer Studie mit über 17.000 Hunden eine wirklich große Stichprobe haben, können wir die rassespezifischen Muster klar identifizieren.“*

Heidi Parker und Elaine Ostrander, weltweit führende Genetikerinnen, die am National Human Genome Research Institute der USA forschen, konnten eine genetische Landkarte der Hunderassen erstellen. 161 Hunderassen wurden einbezogen. Die Analysen zeigen: Jede Hunderasse trägt ihre eigene, eindeutige genetische Signatur. Hier kann man bequem ablesen, welche Hunderassen miteinander verwandt sind. Auch die genetische Nähe zum Urahnen wird gezeigt. Man kann mit einem Blick sehen, wie nah eine Hunderasse zu Stammvater und -mutter Wolf steht. Für Überraschungen ist gesorgt. So ist der Pekinese enger mit dem Wolf verwandt als der Deutsche oder der Schweizer Schäferhund. Die Wissenschaftlerinnen fassen zusammen, dass die Genetik der Hunderassen sehr alte Wurzeln der Zusammenarbeit mit dem Menschen dokumentiert. Sie schreiben:

„Rasseprototypen haben sich seit der Antike durch selektiven Druck gebildet, je nachdem, welchen Job sie am meisten ausführen mussten."

Von dieser Forschung profitieren auch Institute, die für 70 Euro Gentests anbieten. Das machte mich neugierig. Denn meine angeblich reinrassige Siberian Husky Hündin Mary mit offiziellen VDH-Papieren - auch *„Bescheinigungen der Reinrassigkeit"* genannt - war bei den Musher wegen Verhaltensproblemen aussortiert worden. Über lange Jahre zeigte sie die wildtierhafte Scheu, die ich oben schon in Bezug auf Wölfe und deren Mischlingen beschrieben habe. Nicht passend zu einem reinrassigen Husky. Erst nach zehn Jahren in einer geborgenen Familienatmosphäre, inzwischen zwölf Jahre, öffnete sich Mary wirklich und fing an zu spielen wie ein junger Schnösel. Tatsächlich. Der Gentest erklärte manches. Sie entpuppte sich neben dem Hauptanteil Husky als Nachkomme von Malamute, Grönlandhund und eben auch der Timber-Wolf.

... und im Gehirn

Erin Hecht ist überzeugt, dass sich in den vielleicht 40.000 Jahren Evolution an der Seite des Menschen etwas im Gehirn der Hunde geändert haben muss. Normalerweise analysiert Hecht Menschen. Sie erforscht die Evolution des menschlichen Gehirns. Da hat sie eine beachtliche Karriere hingelegt, die sie in jungen Jahren als Professorin nach Harvard geführt hat. Hecht ist Hundefreundin. Ihre beiden Australian Shepherds Lefty und Izzy nimmt sie mit an die Uni. Sie kämpfte ein Jahr, um von der Uni-Leitung die Erlaubnis für ein besonderes Projekt zu erhalten. Die Ergebnisse sind eine Sensation: Das Gehirn der Hunde hat seine Struktur an die Arbeitsaufgaben für den Menschen angepasst. *„Heilige Kuh, warum hat das noch niemand gesehen!?"* waren ihre ersten Worte als sie die Bilder sah. Mit ihren geschulten Augen hatte die Neurologin strukturelle Unterschiede in den Hundegehirnen auf den ersten Blick erkannt.

Hecht hatte sich von Gregory Berns aus Atlanta alle Scans von dessen Computertomografen kommen lassen. In Atlanta hatte man sich sehr genau die Arbeit der Gehirne von lebenden Hunden angeschaut. In den Bildern des Tomografen waren 33 Hunderassen abgebildet, darunter Labrador Retriever, Terrier, Malteser, Bulldog, Pudel, Beagle, Greyhound, Whippet und der Border Collie. Hecht fand heraus, dass die Veränderungen sehr genau und stabil mit den Arbeitsfunktionen der Hunde zusammenhingen. Hunde haben sich, so Hecht, nicht nur in ihrem äußeren Körperbau auf ihre verschiedenen Aufgaben ange-passt - von der Deutschen Dogge bis zum Chihuahua. Hunde haben sich auch im Inneren für ihre Jobs optimiert. Das geht bis in die Struktur des Gehirns. Hecht kann mit einem Blick erkennen, ob es sich bei dem Gehirn um einen Schäfer- oder Jagdhund handelt. Sie kann erkennen ob dieser Jagdhund auf Sicht jagt, etwa ein Greyhound, oder ob es sich um einen Schweißhund handelt, der sich vom Geruchssinn führen lässt, etwa ein Bloodhound.

Die oben schon erwähnte Selbstbeherrschung eines Pointers, der den Hasen sucht und anzeigt, ihn aber nicht nachjagt vielmehr absolut still verharrt, kann sie aus der besonders stark ausgebildeten frontalen Hemmung in dessen Gehirnstruktur ablesen.

Riechspezialisten wie der Bloodhound, Basset oder Beagle haben je-doch keine wesentlich größeren Riechzentren im Gehirn als andere Hunde. Was sich bei ihnen allerdings stark vergrößert hat, sind die Areale, die dafür zuständig sind, ihre Sinneswahrnehmungen zu kommunizieren. Die Hunde haben sich also darauf eingestellt, uns Menschen ihre Gerüche mitzuteilen.

Die mentalen und psychischen Fähigkeiten der Hunde für ihre Aufgaben lassen sich genauso in der organischen und genetischen Hardware ablesen wie etwa in kurzen oder langen Beinen. Ich finde es schon mehr als bemerkenswert, wie intensiv sich der Hund auf die Anforderungen des Menschen eingelassen hat oder anders herum ausgedrückt, wie weitgehend der Mensch - bewusst und unbewusst - ein anderes Lebewesen für seine Interessen manipulieren kann.

Hunde und ihre Rassen verkörpern in vielfältiger Weise den Zusammenhalt und das gegenseitigen Vertrauen von Mensch und Hund. Hunde sind unsere Weggefährten, wie Pferde und Katzen. Jede Art auf ihre Art. Sie sind etwas Einmaliges, Wunderbares und Wunderschönes, das uns die Evolution geschenkt hat. Sie verkörpern einen Teil unserer Geschichte, Kultur und Zivilisation. In ihrer Spezialisierung für die verschiedensten Jobs waren sie lange Zeit unverzichtbar. Das vergessen wir nicht einmal. Man kann nur vergessen, was man einmal im Kopf hatte. Danken kann man nur jemandem, dessen Leistungen man kennt und anerkennt.

12 Hunde lernen Berufe wie Menschen

Wie sind eigentlich die vielen Hunderassen entstanden? Nur ein neumodische Laune, um unsere Bedürfnisse nach Typen wie Yorkie, Bully, Schäferhund zu bedienen? Ich werde zeigen, wie Rassen aus der Zusammenarbeit mit Menschen entstanden sind. Das Geschenk einer Working-together-culture.

Ich habe in den vorigen Kapiteln bereits einige Hunde in ihren Berufen vorgestellt: Den Husky aus der Branche der Zug- und Schlittenhunde, den Spitz und den Hovaward aus der Sicherheitsbranche, den Border Collie als Hütehund, den Berner Sennen, den Bulldog. Hunde zeigen ihre Qualitäten in Vielfalt, als Berufsspezialisten. Wir nennen es heute Hunderassen. Hunderassen sind fast so alt wie der Hund als Freund des Menschen. Denn diese Freundschaft fußte immer auf gemeinsamer, diverser Arbeit.

Die ersten Jobs der Hunde waren Jagdhelfer, Beschützer, Bewacher, Zugmaschine. Die Jagd des Menschen ist bis in die heutigen Tage aufs Engste mit dem Hund verwoben. Nicht weniger als 172 vierbeinigen Spezialtypen alleine für die Jagd hat diese Zusammenarbeit hervorgebracht. Berufliche Spezialisierung ist ein treibendes Element der Evolution unserer Spezies. Technologien entwickeln sich immer weiter, so dass nicht jeder und jede Spitzenleistungen auf allen Gebieten erbringen konnte. Den unterschiedlichen Fähigkeiten und Neigungen des Individuums geschuldet, bildeten sich Spezialisten heraus. Aus Spezialisierungen wurden Berufe - bei Menschen wie

Hunden. Heute können wir uns eine Arbeitswelt ohne Berufe nicht mehr vorstellen. Die nicht-menschlichen Helfer spezialisierten sich ähnlich. Das betraf alle Tierarten, die aktiv mit dem Menschen arbeiten: Hunde, Pferde, Rinder, Kamele, Esel.

Mit den zweibeinigen Berufen entwickelte sich die Vielfalt der vierbeinigen Hunde- und Pferderassen. Solche Rassen beschreiben schlicht die Verkörperung ihrer *„Berufe"*. Pferde und Hunde haben hier die mit Abstand größte Bedeutung und entsprechend die größte Differenzierung. Der Hund wurde durch diesen Prozess zur mit Abstand formenreichsten Spezies der ganzen Tierwelt. Man denke nur an den Chihuahua und die Deutsche Dogge oder ein Italienisches Windspiel und den Englischen Bulldog. Hunderassen und Pferderassen beschreiben für bestimmte Berufe des Menschen optimierte Varianten ihrer Spezies. Es betrifft die körperliche und mentale Leistungsfähigkeit als auch - gern unterschätzt - die Ausrichtung der Psyche. Der Schlittenhund muss eine andere Psyche haben als der Hüte- oder ein Jagdhund. Und alle Hunde müssen ihre jeweiligen Jobs gerne machen, ja die Jobs müssen ihnen zu einem inneren Bedürfnis geworden sein.

Bei uns Menschen ist das nicht anders. Ein Schmied muss mit Hammer, Stahl und Feuer umgehen können. Ein kleiner Funken, der sich in den Arm einbrennt, darf ihm nichts ausmachen. Seine Schläge mit dem Hammer auf das gelbrot glühende Eisen müssen gezielt, kraftvoll und gleichmäßig sein. Er muss mit seinem Gesellen kooperieren können und zäh Schlag auf Schlag setzen. Der Händler muss mit Zahlen und Bedarfsschätzungen hantieren. Er muss clever und verhandlungssicher mit anderen Menschen umgehen können. Er darf nicht immer zeigen was er denkt, aber jede Chance auf ein Geschäft ergreifen. Das sind die Biotope zweier Berufsbilder. Entsprechend unterschiedlich waren die jeweiligen ökologischen Nischen unserer Pferde und Hunde. Überall forderte die Spezialisierung in der Arbeit eine Spezialisierung der Fähigkeiten.

Koevolution der Berufe

Die Rassen der domestizierten Tiere sind daher keineswegs statische Monumente, quasi in Stein gehauen. Denn die Aufgaben, Speziali-sierungen, Berufe des Menschen stehen in einem kontinuierlichen Fluss der Veränderung - bis heute. Berufe ändern sich. Entsprechend verändern sich Pferde und Hunde in ihren Rassen ebenfalls - ob mit oder ohne aufgeschriebenen Standard. Die Rassen verkörpern in ihrem jeweiligen Stand nichts anderes als die Evolution unserer Spezies. Sie folgen der Entwicklung von Ökonomie und Kultur des Menschen und damit einhergehend den sich stetig ändernden beruflichen und gesellschaftlichen Anforderungen. Das gilt selbst heute noch, wo aus den meisten von ihnen - Hunde wie Pferde - Begleiter oder Sportgerät geworden sind. Die meisten heutigen Hunde- und Pferderassen haben lediglich den Blaumann gegen einen weißen Kittel getauscht. Aus dem Partner in der Produktion ist heute ein Partner in der Reproduktion der menschlichen Arbeitskraft geworden. Und auch hier sehen wir einen steigen Prozess der Veränderung. Ein Mops oder eine Schäferhunde von 1900 sah anders aus als der von 2020 - obwohl dieselbe Rasse und sogar derselbe aufgeschriebene Standard.

Erste spezialisierte Hirtenhunde entstanden mit der Viehhaltung vor etwa 10.000 Jahren. Schlittenhunde existieren seit 15.000 Jahren. Nordafrikanische Felszeichnungen zeigen Menschen mit Hunden bei der Antilopenjagd. Einritzungen in Felsen auf der Arabischen Halbinsel zeigen Hunde, die gemeinsam mit Hirten Ziegen hüten. Manche Hunde sind bereits durch Halsband und Leine mit einem Menschen verbunden. Diese Abbildungen werden auf ein Alter von 9 bis 10.000 Jahre datiert. Später häufen sich die verschiedenen Darstellungen von Menschen und Hunden in ihren Berufen.

Die Kriegshunde des Hammurabi, heutigen Molosser-Hunden wie aus dem Gesicht geschnitten, wurden vor 4.000 Jahren sehr plastisch und lebensnah in Stein gemeißelt. Gut ein Dutzend Hunderassen des Alten Ägypten sind in unzähligen Plastiken, Inschriften, Gemälden und Mumien bis heute lebendig. Aristoteles beschreibt die Hunderassen der Antike, deren Zucht, Ernährung und Ausbildung sehr detailliert. Darunter erstmals einen ganz neuen Typ, den *„melitäischen Hund"*. Es ist schon damals ein kleiner, weißer Hund, dessen Hauptjob es sie, *„die höheren Damen in den Städten zu unterhalten"*, so Aristoteles. Heute nennen wir diesen kleinen Hund *„Malteser"*. Sein Job ist geblieben.

Es gibt auch Hundetypen, die ausgestorben sind, schlicht weil ihre Jobs weggefallen sind. Der Turnspit ist so einer. Ich habe ihn im Kapitel zu Pferden und anderen Zugtieren vorgestellt. Der Turnspit vertritt die Branche der Hunderassen, die darauf optimiert waren, wie ein Hamster in einem Laufrad, in Treträdern und anderen, teils skurrilen Konstruktionen als Antrieb zu dienen. Sein Job war die Erzeugung von Drehbewegungen. Diese Jobs wurden durch Dampfmaschinen und Elektromotoren binnen weniger Jahrzehnte übernommen. Der Turnspit starb aus. Ersatzlos.

Edmund Russell, Professor für Geschichte an der Boston University, zieht die Verbindung von der Entwicklung einer Hunderasse zu den Veränderungen in Kultur und Gesellschaft ganz konkret. "*Greyhound Nation - A Coevolutionary History of England*" titelt sein Buch. Er wählte als Beispiel den Greyhound, da diese Hunderasse zwischen 1200 und 1900, also über mehr als sieben Jahrhunderte hinweg, sehr genau dokumentiert ist. Es gibt zahlreiche Gemälde, Erzählungen, Schriftstücke, amtliche Verlautbarungen und schon sehr früh züchterische Aufzeichnungen. Leistungen und Merkmale der Windhunde sind durch die Hunderennen exakt protokolliert. Russell stellt fest, dass sich Greyhounds in ihren Körpermaßen, in Haarstruktur, Farbe und besonders im Wesen immer wieder wandelten - allerdings nur im Detail, die Grundstruktur blieb erhalten. Die erwünschten Features eines besonders *„guten"* Rassevertreters verschoben sich im Detail ständig. Sie wurden und werden ständig nachjustiert, auch heute noch. Wie die Menschen ihre Werte, Kultur, Ökonomie, wie sie ihre Moden änderten, so änderte sich auch das Bild eines idealen Greyhounds, so Russell.

Champions League der Tiere

Die Lords, Fürsten und Herzöge wetteiferten schon immer um die besten Hunde. Es war für sie ein Sport, ein Prestigethema. Heute besitzen Milliardäre Rennyachten oder Fußballclubs, die in der Champions League um den Titel spielen. In der Antike ließen sie ihre Gladiatoren gegeneinander antreten. Ähnlich im Mittelalter bis in die Neuzeit. Da traten Hunde ins Rampenlicht der Demonstration von Eitelkeiten. Das narzisstische Geplänkel der Herrschaften wurde per Hunderennen, große Jagden mit Hundemeuten und Tierkämpfen in speziellen Arenen ausgetragen. Die Durchlauchtesten investierten viel Geld in regelrechte Zuchtbetriebe. Hier wurden sie systematisch hochgezüchtet: Kampfhunde, Jagdhunde, Windhunde.

Edmund Russell kommt zu dem Schluss, dass es eine Art Koevolution von Mensch und Greyhound gab. Der Greyhound veränderte sich entsprechend der Umweltbedingungen, die vom Menschen vorgegeben wurden. Umgekehrt beeinflusste das Windhundgeschehen die Kultur und Ökonomie der Menschen. Es spielte eine große Rolle in Kultur wie Denkweise des Mittelalters speziell im britischen Kulturraum. Die Windhundeszene baute die Bühne der großen Athleten - vergleichbar mit heutigen Sportstars. Die Jobs der Menschen rund um die Hunde änderten sich ebenfalls. Noch immer gibt es in Irland,

England, Australien und den USA eine - oft schmutzige - Industrie rund um das Geschäft mit dem Greyhound. Im 19. Jahrhundert wurden Windhunde sogar ein zentrales gesellschaftliches Thema im British Empire. Weltumspannend gab es Jobs in dieser Szene. Es war Big Business wie heute Fußball. Der Greyhound etablierte sich als fester Bestandteil der täglichen Kultur des Empires. Es gab Zuchtverbände, Rennorganisatoren, Wettbüros. Es gab alles Drumherum. Sogar spezielle Zeitschriften zu Hunderennen wie „The Sportsman" erschienen. Das waren keine Nischenprodukte. The Sportsman zählte zu den Blättern mit der höchsten Auflage seiner Zeit - und das weltweit.

Hunde sind keine degenerierten Wölfe

Ich höre oft die Frage: Sind Hunde schlicht degenerierte Wölfe? Tatsächlich haben Hunde im Vergleich zum Wolf an Fähigkeit verloren, in der wilden Natur zu überleben. Kein Hunderudel könnte heute ein Mammut oder ein Bison reißen. Hunde haben weitgehend an Know How eingebüßt, sich als selbstbestimmtes Rudel mitten in der Wildnis zu behaupten - ohne jeden Kontakt zum Menschen. Es gibt weltweit keine wirklich wilden Hunde. Sie haben keine Überlebenschance. Alle zuweilen als „wild" bezeichneten Hunde leben zumindest in der Peripherie des Menschen. Einzige Ausnahme sind Dingos in Australien. Aber auch hier gibt es eine entscheidende Besonderheit. Die verwilderten Haushunde der Aborigines brauchen die Konkurrenz durch Beuteltiere nicht zu fürchten. Auf dem isolierten Kontinent haben sie keine natürlichen Feinde und auch keine Nahrungskonkurrenten auf Augenhöhe, mal vom Menschen abgesehen. Nur deshalb können sie in der verwilderten Form überleben.

Es liegt schlicht in der Natur der Sache, dass Hunde keine Wildtiere mehr sind. 30 oder 40.000 Jahre Domestikation zeigen Wirkung. Deswegen sind sie Hunde und nicht mehr Wölfe. Sie haben sich für eine andere ökologische Nische optimiert, den Lebensraum des Menschen. In diese Nische haben sie sich bestens eingepasst. Genau das nennt Darwin *„Survival of the Fittest"*. Nur stellt diesmal - eine Innovation der Evolution - nicht die Natur, vielmehr die menschliche Gesellschaft das Biotop. Hunde müssen fit für ein Leben in dem Biotop *„Sozialität des Menschen"* sein. Folglich haben sie Eigenschaften verkümmern lassen, die ihnen ein Überleben jenseits der menschlichen Gesellschaft sichern würden. Die brauchen sie nicht mehr. Es wurde quasi Ballast abgeworfen. Nebenbei bemerkt: Auch wir hatten mal einen Schwanz. Dessen evolutionärer Rest tragen wir als Steißbein immer noch.

Viele Eigenschaften der Wölfe sind sogar höchst kontraproduktiv für ein Leben unter Menschen. So etwa die wildtierhafte Scheu vor Fremdem und Neuem. Diese Scheu ist mit einer großen Fluchtdistanz verbunden. Solche Eigenschaften sind für das Überleben in der wilden Natur unverzichtbar, unter Menschen jedoch unpassend. Wie ich ganz am Anfang berichtet habe, mussten es Wölfe im Mittelalter über viele Generation schmerzhaft erfahren, dass der Mensch ihr ärgster Feind ist. So haben sie die Scheu vor ihm tief verinnerlicht. Sie gehen ihm, wo immer es geht, weitläufig aus dem Weg. Auch sonst sind Wölfe wie alle Wildtiere sehr wachsam und empfindlich gegenüber allen Neuen und vor allem, gegenüber allem, was sie nicht kennen. Für das Leben in der quirligen, hektischen, meist dicht gepackten Sozialität des Menschen wäre das keine gute Voraussetzung.

Das zeigt sich ganz praktisch bei Wölfen und Wolfsmischlingen, selbst wenn diese von Hand aufgezogen wurden. Sie bleiben immer distanziert gegenüber fremden Menschen. Die meisten sind ihre Leben lang scheu bis ängstlich. Das Leben der heutigen Großstadtmenschen ist für sie purer Stress. Wir können nicht mit einem Wolf an der Leine durch die Stadt spazieren gehen. Solcher Stress wäre einerseits Tierquälerei zu anderen die Grundlage für auf Angst basierte

Aggression. Trotz dieser wissenschaftlich unstrittigen Sachlage, ist es in Mode gekommen, sich mit einem Wolfshybriden ein Stück Wildnis ins Wohnzimmer holen wollen. Oder mit ihrem Wolf protzen zu wollen. Aus den USA kann man solche Tiere mehr oder weniger legal importieren. In Deutschland schaut der Staat leider zu, wenn solche Hybriden vermehrt werden. Für teures Geld werden sie im Internet feilgeboten und finden problemlos Käufer. Der Markt scheint zu boomen. Schnell kommt das böse Erwachen. Die meisten Caniden werden „entsorgt", kommen sie erst einmal in die Pubertät. Dann sind sie nicht mehr der putzige Welpe. Sie werden selbstbewusst. Nun wird ihre Haltung zu stressig. Manche werden kurzerhand ausgesetzt. Illegal. Die anderen landen in speziellen Tierheimen. Wahrscheinlich werden genau solche armen Geschöpfe diejenigen „Wölfe", die später in der Presse als die gefährlichen ausgeschlachtet werden, die die Scheu vor dem Menschen ein Stück weit verloren haben und sich an die Ränder der Dörfer heranwagen. Für Wölfe und Wolfshunde bleibt das Leben in der menschlichen Gesellschaft eine Qual, absoluter Stress. Extrem seltene Ausnahmen bestätigen die Regel.

Diametral anders beim Hund. Der fühlt sich pudelwohl, wenn er in die menschliche Sozialität eingebunden ist. Seine ganze Psyche ist auf das Leben und die Kooperation mit Menschen eingestellt. Und nicht nur das. Hunde haben für die Kommunikation mit uns Menschen ihr Gehirn optimiert. Sie haben darüber hinaus sogar einen zusätzlichen Muskel am Auge entwickelt. Mit diesem Dackelblick verführen sie uns mit Leichtigkeit. Dieser Augenmuskel, *„levator anguli oculi medialis"* genannt, fehlt Wölfen komplett. Das fanden Wissenschaftlerinnen um Juliane Kaminski heraus. Dieser Muskel steht hier als Symbol für die gezielte Weiterentwicklung des Wolfes und später des Hundes zu einem aktiven Partner der menschlichen Evolution von Steinzeit an. Und es gibt noch etliche weitere solcher Indizien.

Spitzenleistungen der Hunde

Im Zuge der beruflichen Zusammenarbeit mit uns Menschen haben Hunde ganz besondere Fähigkeiten hervorgebracht. Nach meiner Übersicht - und ich habe für Hundemagazine, Zuchtvereine und wissenschaftliche Artikel die Geschichte von mehr als 200 Hunderassen erforscht - haben mehr als 90% aller heutigen Hunderassen direkte Wurzeln, die ins Mittelalter, teils bis in die Antike verfolgt werden können. Letztlich bringen Hunde in ihrer Gesamtheit Spitzenleistungen, die jene von Stammvater Wolf bei weitem übertreffen:

- **Kein Wolf ist so schnell wie ein Windhund.**
- **Kein Wolf hat die Ausdauer der Schlittenhunde.**
- **Kein Wolf hat die Selbstbeherrschung eines Vorstehhundes wie des Pointers.**
- **Kein Wolf kann so gut riechen wie ein Bloodhound.**
- **Kein Wolf hat die Kampfkraft eines Bulldogs in seinen aktiven Zeiten.**
- **Kein Wolf kann hunderte von Begriffen so gut unterscheiden wie ein Border Collie.**
- **Kein Wolf ist so gelenkig wie der Lundehund Norwegens.**
- **Kein Wolf kann tauchen wie der Portugiesische Wasserhund oder ein Neufundländer.**

Hunden ist es darüber hinaus zu einem aktiven Bedürfnis geworden, für Menschen zu arbeiten. Sie wollen ihre Herrchen und Frauchen Menschen glücklich machen, deren Anerkennung gewinnen. Im Team mit unseren spezialisierten Freunden konnten wir Menschen schon immer Höchstleistungen erbringen. Mit einem Partner zu arbeiten, der mit Engagement bei der Sache ist, der seinen Job kann und dem es ebenso Spaß macht, zusammen zu arbeiten, geht die Arbeit leichter von der Hand. Dieses befriedigende Gefühl einer erfüllenden Arbeit haben wir über lange Zeit mit Hunden teilen dürfen - und diese mit uns.

Ich will hier noch einen ganz speziellen Vertreter dieser Zusammenarbeit vorstellen. Er ist kaum bekannt. Ich erwähnte ihn oben bei den Spitzenleistungen: Der kaum bekannte norwegische Lundehund. Lunde ist das norwegische Wort für den Papageientaucher, der an den schroffen Steilküsten des Nordatlantiks brütet. Der Lundehund ist für die Jagd auf diese bunten Vögel mit dem kräftigen Schnabel optimiert. Diese Jagd formuliert zwei Herausforderungen: Die Steilküste und die langen Bruthöhlen. Dafür hat sich dieser Hund regelrecht verbogen: Er kann als einziger Hund, ja als einziger aus der Familie der Caniden samt Füchsen, seinen Kopf komplett nach hinten biegen. Er kann seine beiden Vorderläufe im Winkel von 90° seitlich wegstrecken. Er hat sechs Zehen.

Diese sensationellen, anatomischen Besonderheiten, die ihn zum Yoga-Guru unter den Hunden machen, hat er entwickelt, um die Papageientaucher in ihren unzugänglichen, langen Brutröhren zu erbeuten. Triebkraft dieser anatomischen Besonderheiten war folglich die Optimierung für eine Dienstleistung in unserem Auftrag. Der Leistungsdruck war groß. Ohne die Hilfe der Hunde hätten die Menschen keine Chance gehabt, einen Papageientaucher zu erbeuten. Die fettreichen Vögel wiederum waren eine unverzichtbare Grundlage, über die langen Winter zu kommen. Die Lunde wurden eingesalzen und in Fässern gelagert. Sie waren der Vorrat für langen Zeiten, wo die Fischerboote nicht in die stürmische See gelassen werden konnten.

Wie entstehen 172 Jagdhundrassen?

Die Gruppe der Jagdhunde ist bisher weitgehend von Qualzucht verschont geblieben. Das erklärt sich schlicht darüber, dass sie auch heute noch in Lohn und Brot stehen. Sie müssen für ihre Arbeit fit bleiben. Erst recht, wenn viel Geld und Zeit in die Ausbildung investiert wird. Jagdhunde stellen die älteste und die mit Abstand formenreichste Gruppe der Hunde. Sie machen mit 172 Rassen ziemlich genau die Hälfte aller von der FCI anerkannten Hunderassen aus. Alleine 35 Vorstehhunde-, 40 Terrier- und nicht weniger als 65 Laufhunderassen sind registriert. Dazu kommen etliche weitere, vom Dackel bis zum Barsoi, vom Labrador Retriever bis zum Jagdterrier. Diese extreme Vielzahl wundert nicht, schauen wir auf die unterschiedlichen Einsatzzwecke. Ob Treibjagd, Baujagd, Ansitzjagd, ob in Feld, Wald oder Wasser, ob auf Enten, Rehe oder Wildschweine - für jede Jagdmethode gibt es die passenden Hunde und das dann auch noch auf die regionalen Besonderheiten angepasst.

Ich will einen kurzen Blick auf ein paar erstaunliche, mentale Eigenschaften werfen. Sie sind höchst unterschiedlich, ja konträr. Nehmen wir einen Pointer, ein Vorstehhund. Der sucht den abgeduckten Fasan oder Hasen und zeigt ihn rechtzeitig durch seine Körperhaltung an. Dabei verharrt er absolut still, erstarrt zu einer Statue. Er jagt dem Wild nicht nach, wie es sein Urtrieb verlangt. Er hilft seinem Jäger. Hat er nun den Hasen ausgemacht, scheut der Pointer den Hasen auf. Hat der Grünrock den Schuss einigermaßen gut gesetzt erwischt es den Hasen hundert Meter später. Nun kommt der nächste Job des Pointers. Er apportiert den Hasen nach dem Schuss und legt ihn dem Jäger unversehrt zu Füßen. Sei Urtrieb sagt dem Hund eigentlich, dass er den noch warmen, blutenden Hasen eigentlich verspeisen sollte. Tut der aber nicht. Jagdhunde wie Foxhound oder Beagle sehen das genau anders. Sie sollen das Wild hetzen und dabei spurlaut sein, also bellen. Sie rennen hinter der Fährte und kläffen fast ununterbrochen. Das tun sie mit Inbrunst. Aber das Wild selber überlassen sie uns Menschen.

Der kleine Münsterländer, der Deutsch Drahthaar, der Weimaraner oder der Labrador Retriever begleiten den Einzeljäger durchs Revier.

Alle haben ihre eigenen Spezialgebiete, sind jedoch in erster Linie Allrounder. Sie sind das Schweizer Taschenmesser des modernen Waidmanns. Sie zeichnen sich durch eine besonders hohe Kooperationsbereitschaft aus, den „Will-to-please". Sie streben nach Kommandos durch ihr Herrchen und Frauchen, um diese beflissen auszuführen. Einen solchen „Will-to-please" hat der Dackel eher weniger. Er ist mehr Einzelkämpfer. Wenn der Dachshund unter die Erde in den Dachsbau geschickt wird, muss er selbständig Entscheidungen treffen. Er muss einen extrem ausgeprägten, hartnäckigen Willen haben, um gegen die höchst wehrhaften Gegner, Fuchs und Dachs, in der Offensive zu bleiben. Das macht er auf eigene Faust und mit eigenem Geschick. Unter Tage kann ihm kein Mensch helfen. Solche Eigenschaften bringen dem Dackel das Image des Sturen ein.

Etwa 300.000 Hunde werden heute in Deutschland jagdlich geführt. Am Körperbau können wir ablesen, für welche Einsatzzwecke ein Jagdhund spezialisiert ist. Wir merken es oft noch krasser in ihrem Verhalten. Solche Spezialisierungen entstanden über einen langen Zeitraum. Aus der Antike stammt das erste umfassende Dokument zur Jagd mit Hunden. Es ist die „Kynegetikos" des Griechen Xenophon, vor 2.400 Jahren geschrieben. Xenophon beschreibt detailliert die Jagdtechniken mit dem Hund. Er beschreibt deren Ausbildung, Verpflegung und Zucht. Selbst von den Germanen und Kelten gibt es Überlieferungen, die spezielle Jagdhunderassen belegen. Im Lex Baiuvariorum aus dem sechsten Jahrhundert wird einer der 22 Artikel dieses Gesetzeswerkes exklusiv dem Hund gewidmet. Artikel 20 handelt „Von den Hunden und ihrer Buße". Hier werden Leithund, Treibhund, Spürhund, Biberhund (zur Erdjagd), Windhund (der Hasen hetzt), Habichthund, jeweils Hunde für die Jagd auf Bär, Wisent, Schwarzwild, sowie der Schäferhund und der Hofhund (Houvavart) namentlich erwähnt. Die jeweiligen Hunderassen werden dann mit einem Wert taxiert, der zwischen je drei und sechs Schilling liegt. Am wertvollsten war den Germanen ein Leithund, der die Fährte des Wildes aufnehmen und die Jäger zu ihm führen soll. Solche Leithunde sind am bestem mit dem heutigen Bloodhound vergleichbar. Für solche Hunde werden enorme Beträge angesetzt, wenn wir bedenken, dass im gleichen Gesetzeswerk ein „mittelmäßiges" Pferd mit gerade einmal einem halbem Schilling bewertet ist. Ein guter Hund war den Germanen das Sechsfache eines Pferdes wert. Erstaunlich.

Hunderassen im Fluss

Angesichts der Bedeutung der Hundearbeit in allen Facetten der Wirtschaftsentwicklung wundert es nicht, dass die großen Dachverbände unzählige Hunderassen kennen. Die Fédération Cynologique International (FCI) registriert nicht weniger als 346, der American Kennel Club (AKC) immerhin 202 Hunderassen. Die allermeisten dieser Hunderassen haben sehr alte Wurzeln. Alle Rassen haben sich nach dem von Edmund Russell beschriebenen Muster immer wieder den veränderten Wünschen angepasst - selbst wenn schriftlich fixierte Standards gelten. Es gibt keine statischen Hunderassen. Wie die menschliche Evolution so ist die Evolution der Hunde im ständigen Fluss. Das gilt im Übrigen auch ganz allgemein in der Natur: Jede heutige Tier- oder Pflanzenart wie wir Menschen selber sind nur Momentaufnahmen in einem stetigen Entwicklungsprozess.

Beispiel Deutscher Schäferhund: Ein Champion von 1915, 1940 oder 1970 sieht um Welten anders aus als die hinten tiefergelegten, Champions von heute. Der alte Schäferhund, wie ihn um 1900 der Rassegründer Rittmeister von Stephanitz wollte, hatte einen kerzengeraden, waagerechten Rücken - wie der Wolf. Er war viel leichter gebaut. Genau diese alten Schäferhunde wurden weltweit zum Symbol des besten Freundes des Menschen. TV-Serien wie Rin-Tintin und Kommissar Rex zelebrierten diese Hochachtung, dieses berechtigte Vertrauen in den vierbeinigen Freund. Die extremen, eher an einen

Frosch erinnernden, Schäfer vieler Show-Linien sind dagegen oft genug dienstuntauglich.

Beispiel Mops: Früher hatte jeder Champion Mops eine klar ausgebildete Schnauze. Die Falten am Kopf waren, wenn überhaupt, nur leicht ausgebildet. Es gab keine Glubschaugen. Es gab keine kugelrunden Schädel. Die Hunde waren leichter und beweglicher gebaut. Sie konnten frei atmen. Eigentlich eine Selbstverständlichkeit für jeden Tierfreund. Nur heute nicht mehr, wo wir so viel von Tierschutz reden. Heute haben die Mops-Jahrhundertsieger sämtliche, der oben angesprochenen Handicaps.

Dasselbe gilt für viele Rassen, leider. Meist werden sie im Laufe der Zeit immer extremer. Die Großen werden immer größer, die Kleinen werden immer kleiner. Das angeblich Typische wird noch typischer gemacht. Qualzucht war früher unbekannt. Sie ist eine Innovation der Neuzeit. Warum quälen wir, was wir lieben? Das ist eine spannende Frage der Psychologie des heutigen Großstadtmenschen. Warum lassen wir Qualzucht schlicht und ergreifend zu? Hier liegt ein weiteres Hauptanliegen dieses Buchs. Ich will zu einer grundlegenden Änderung in der Denkweise beitragen. Wenn der Hund, die Katze, das Pferd wie die anderen nicht-menschlichen Tiere als Gefährten, Partner, Lebewesen verstanden werden, denen die Menschheit viel zu verdanken hat, werden sie konsequenterweise mit mehr Respekt und echter Wertschätzung behandelt. So meine Hoffnung. Das Thema Qualzucht hätte sich dann von selbst erledigt. Der Hund würde wieder real als „der beste Freund des Menschen" behandelt, so wie ihn 1764 der französische Philosoph Voltaire charakterisierte.

Mein Willi und die Qual der Zucht

In *„Schwarzbuch Hund - Die Menschen und ihr bester Freund"* deckte ich 2008 die Missstände in der Rassezucht auf. Es war nie geplant, ein

Schwarzbuch zu schreiben. Seit meinem Studium hatte ich Material für ein anderes Buch gesammelt. In etwa so eines wie dieses hier: Über die Geheimnisse der Verbindung von Mensch und Tier. Der Weg ging über Willi.

Anfang der 1990er Jahre bekam ich die Chance, meinen Kindheitstraum zu erfüllen: Ich konnte einen Hund mit zur Arbeit zu nehmen. Dieser Traum hatte als Dreijähriger begonnen, vielleicht schon früher. Ich wollte immer zu ganz bestimmten Bekannten der Eltern. Die hatten englische Bulldogs. Unter denen fühlte ich mich sauwohl und glücklich, als echte Freunde. Das hatte sich in mein Hirn eingebrannt. Jetzt, 40 Jahre später, kam Bulldog Willi zu mir. Doch: Der Kindheitstraum sollte ein Albtraum werden. Mein geliebter Willi, eine echte Charaktergröße, war ständig krank. Er litt, ich litt mit. Sein Hundeleben lang. Durch Willi lernte ich den Menschen besser kennen. Speziell die Schattenseiten menschlichen Charakters. Abgründe, die ich bei aller Lebens- und Berufserfahrung zuvor nicht einmal erahnt hätte. Grausamkeit im Umgang mit unserem besten Freund: Qualzucht und Hundehandel. Da musste ich Partei ergreifen. Zunächst für einen gesunden Bulldog. Nach und nach wurde mir klar, dass solche Abgründe nicht nur das Problem einer Rasse waren.

Ich startete den Petwatch- Blog. Der *„Dortmunder Appell für eine Wende in der Hundezucht"* sollte die erste öffentliche Konsequenz dieses Engagement werden. Er fand binnen Wochen 5.000 Unterstützerinnen und Unterstützer. Damals kam einiges in Bewegung. Die Praxis der Qualzucht geriet erstmals ins Licht der Öffentlichkeit. Seitdem wird regelmäßig in Zeitungen und TV berichtet. Das Internet ist inzwischen voll mit Hinweisen auf Qualzucht und Hundehandel. Der eigentliche Startschuss fiel 2008 in Großbritannien. Die BBC hatte den Dokumentarfilm *„Pedigree Dogs Exposed"* von Jemima Harrison ausgestrahlt. Er zeigte die Praxis der Qualzucht bei Rassehunden ungeschminkt. Ein Raunen ging durch die

Öffentlichkeit der Insel. Der britische Kennel Club reagierte sofort. Etliche Standards für die von ihm betreuten Rassen wurden überprüft. Ich wurde eingeladen, den Standard für den britischen Nationalhund, den Bulldog, zu überarbeiten. Jedes Wort kam auf den Prüfstand. Jedes Komma, das irgendwie in Richtung Qualzucht interpretiert werden könnte, wurde gestrichen, geändert, Passagen ergänzt. Der Standard sollte keinen Raum lassen, um irgendwelche Extremzuchten begründen zu können, die dem Wohl der Hunde entgegenstehen. Der 2009 verabschiedete Standard lässt tatsächlich keine Zweifel. Die nach seinen Vorgaben gezüchteten Bulldogs sind vom Typ her gesund. Das gilt noch heute. Später lud mich der Verband für das deutsche Hundewesen ebenfalls ein, ein Konzept für eine grundlegende Reform der Zucht zu erarbeiten. Doch Papier ist geduldig. Weite Teile der Käufer- und Zuchtszene scheren sich weder um den geltenden Standard noch um die salbungsvollen Sprüche über angeblich *„kontrollierte"* Zucht und Tierschutz. Sie liebt das Extreme, das noch Extremere.

Die Änderung des offiziellen Standards hat an der Praxis der Qualzucht nichts geändert. Es ist seither nur noch schlimmer geworden. Die Züchter, besser *„Produzenten"* der betroffenen Rassen, meist Französischer Bully, Mops oder Bulldog entziehen sich immer mehr jeglicher Kontrolle. Leider gibt es keine Gesetze, die das verhindern wollten. Und noch schlimmer: Gerade die von Qualzucht betroffenen Hunderassen erleben einen anhaltenden Boom ihrer Beliebtheit. Die Produzenten solcher armen Kreaturen finden genug zahlungswillige *„Hundefreunde"*. Weil der Profit ruft und genug Menschen das Extreme bezahlen, werden Gesetze wie der Paragraf 11b des Tierschutzgesetzes mit seinem ausdrücklichen Verbot von Qualzüchtungen ignoriert. Der Staat schaut wissend zu. Es fehlt jegliche Kontrolle. Ein Vergehen, ja Verbrechen, am Wohl der Hunde wie auch zulasten der seriösen Züchter und Hundefreunde. Der Bulldog steht hier nur stellvertretend. Auf Facebook, auf den Ausstellungen des

VDHs und - oft noch viel schlimmer - in den Online-Portalen der Tiermärkte kann der neigte Leser leicht erkennen, dass es sich niemals um fitte, vitale Hunde handeln kann. Dazu muss man kein Tierarzt sein.

Nicht wenige Menschen machen aus den Missständen in der Hundezucht eine Ablehnung des Rassehundes als solches. Ja, es ist schon eine Art Mode geworden, den Rassehund zu verteufeln. Die US-amerikanische Organisation Peta, die sich selbst als dem Tierschutz verpflichtet in Szene setzt, propagiert seit langem die Abschaffung des Rassehundes. Sie ist prinzipiell gegen jede Zucht von Hunden, Katzen und anderen nicht-menschlichen Tieren. Sie vergleicht die Rassehundezucht mit dem Rassismus der Nazis. Dazu wird ein Westie Terrier mit einem Kamm als Hitlerbärtchen verunstaltet. Diese Gleichstellung verunglimpft nicht nur die seriösen Züchter und Liebhaber einer Hunderasse. Für mich ist sie ein klassischer Fall von *„das Kinde mit dem Bade ausschütten"*. Der Rassehund kann nichts für die heutigen Missstände in seiner Zucht. Er ist ihr erstes Opfer. Und unsere Missachtung gegenüber den Leistungen der Tiere wird hier unter dem Label des Tierschutzes auf die Spitze getrieben.

Wie schon angedeutet, machen wir uns kaum einmal Gedanken, warum es überhaupt Hunderassen gibt. Oft machen sich die Halter eines Rassehundes nicht einmal die Mühe, die Geschichte ihrer Hunderasse wirklich zu ergründen. Die Hundeszene hat leider kaum wissenschaftliche Begleitung. Das gilt in eklatanter Weise speziell für Deutschland. Nach der Schließung der Institute in Kiel und Leipzig gibt es in Deutschland keine einzige Universität mehr, die eine Einheit zur Erforschung des Hundes oder der Katze unterhält.

13 Das Tor zur Zivilisation

Unsere herausragende Fähigkeit ist Kommunikation und Kooperation über die Grenzen des persönlichen Umfeldes hinaus. Ich werde zeigen, dass diese Fähigkeit des modernen Menschen erst mit der Hilfe des Hundes geformt wurde. Sie werden besser verstehen können, warum uns diese Beziehung immer noch so tief berührt.

In diesem Kapitel werde ich einen ganz neuen Aspekt zur Evolution unserer Spezies Homo sapiens verschlagen. Der einzelne Mensch ist im hohen Maße abhängig. Ohne eine ganz dichte soziale Hängematte käme er nicht einmal über seine ersten Jahre. Kein Mensch kann ohne den Schutz der Gemeinschaft überleben. Er würde bereits im Kindesalter verkümmern. Selbst als gesunder Erwachsener auf dem Zenit seiner Leistungsfähigkeit wäre seine Überlebenschance, ganz auf sich alleine gestellt längere Zeit zu überleben, minimal. Und *„ganz auf sich alleine gestellt"* meint ohne die selbstverständlich erscheinenden Hilfsmittel, die ihm die Sozialität zur Verfügung stellt. Denn wir sind ständig von dieser Sozialität umsorgt. Wenn wir genauer hinschauen, kann kein Vertreter der Spezies Homo sapiens in der wilden Natur alleine überleben; nicht mal ein paar Wochen. Auch wenn sich manche Abenteurer so geben und vielleicht innerlich so wähnen: Wer webte ihnen die Kleidung, wer baute die Schuhe? Ja, auch Messer, Axt, Salz und Feuerzeug kommen aus dem sozialen Netz. Revolver und GPS als Backup für den Notfall sowieso. Menschen brauchen Vernetzung elementar. Menschen wollen sie auch, um sich wohl zu fühlen.

Ein Neugeborenes unserer Spezies ist so ziemlich das hilfloseste Wesen überhaupt. Die Natur hat seine Eltern mit einem robusten Paket der

Fürsorge ausgestattet. Sie sollen den Schreihals mehrmals in der Nacht betüddeln, liebevoll. Auch wenn sie, nach einem langen Arbeitstag total geschafft, mehrmals aus dem Schlaf geholt werden. Hormone wie Oxytocin sind jetzt hochgradig aktiv. Sie lenken das Verhalten der Eltern. Das Baby bleibt derweil vollkommen abhängig über viele Jahre hinweg. Selbst in der Pubertät, wo der Kopf des Heranwachsenden gegen diese Abhängigkeit rebelliert, wird es auf die engmaschige Betreuung noch ein paar Jahre angewiesen sein.

Es geht um mehr als nur Essen, Trinken, Unterkunft, Schutz. Über die unmittelbar lebenserhaltenden Funktionen hinaus muss der heranwachsende Mensch die Kommunikation, die Kultur, die Verhaltensregeln aus seinem sozialen Umfeld ableiten. Er muss die Sprache lernen. Der heranwachsende Mensch muss sich alles aneignen selbst auf jenen Gebieten, wo die Genetik einen starken Einfluss hat. Wir lernen es von den anderen Menschen. Diese hohe Abhängigkeit von der Sozialität hat sich im Leben unserer Vorfahren seit Millionen Jahren herausgebildet.

Das große Gehirn braucht einen großen Kopf. Doch die Breite der Hüfte einer Mutter und damit der Durchmesser des Geburtskanals ist beschränkt. Als Läufer auf zwei Beinen und Hetzjäger brauchen wir eine schmale Hüfte. Hier stehen zwei anatomische Anforderungen direkt gegeneinander. Die Lösung: Das Kind muss in einer eigentlich viel zu frühen Phase seiner Entwicklung geboren werden. Im Ergebnis entstand diese unsere Hauptschwäche. Es ist unsere Hauptstärke zugleich. Die maximale Abhängigkeit des menschlichen Kindes und die so entwickelte Orientierung auf die Sozialität haben uns stark gemacht. Der quasi erzwungene Zusammenhalt macht uns umso mächtiger. Als Kollektiv konnte sich Homo sapiens in der Evolution durchsetzen. Der Mensch wurde im Überlebenskampf umso machtvoller, je intensiver und umfassender er sich vernetzt hat. Heute begleitet uns eine dicht gewebte, weltumspannende Vernetzung durch den Tag. Durch sie ist der Mensch zum unumstrittenen Herrscher auf dieser Erde geworden. Durch sie meint er, sich über die Natur stellen zu können.

Der Mensch ist das sozialste aller Tiere

Diese absolute Abhängigkeit von der Sozialität prägt ganz besonders unsere Psyche. Sie ist auf die materiellen Notwendigkeiten des Überlebens ausgerichtet. Sie nimmt diese Notwendigkeiten bereits vorweg. Eine gesunde Psyche artikuliert innerlich im Vorfeld genau das als Bedürfnis, was wir materiell zum Überleben brauchen - meist weitgehend unbewusst. Die Psyche des Individuums ist ganz basal auf die soziale Vernetzung orientiert. Das hinterlässt bei Eingriffen in dieses soziale Netz - wie bei Lockdown und „social distancing" unter Corona-Restriktionen erlebt - notwendigerweise schwere Hypotheken für unsere Psyche.

Kaiser Friedrich der II. von Staufen (1194–1250) machte ein Experiment, das nur ein menschenverachtender Diktator machen kann: Er ließ Säuglinge von Ammen großziehen, die er anwies *„die Kinder nie anzusprechen und sie nur mit dem Lebensnotwendigen zu versorgen, sie zu baden und zu reinigen und sie zu säugen, aber niemals ihnen zu schmeicheln oder mit ihnen zu reden."* Das Experiment brachte ein klares Ergebnis: Sämtliche Kinder verstarben, kaum dass sie das Alter von drei Jahren erreicht hatten. Sie erhielten zwar eine deutlich bessere materielle Versorgung als das durchschnittliche Kind jener Zeit. Doch es fehlte etwas entscheidendes, zutiefst menschliches. Es fehlte das soziale Netz. Ohne liebevolle Zuwendung blieben sie nicht lebensfähig. Ihre Psyche meldete Dauerstress, verkümmerte und mit ihr der ganze Mensch.

In den 1950er Jahren unternahm der Psychologe Harry Harlow ähnliche Versuche. Nur diesmal mit Rhesus-Affen. Er trennte die Säuglinge kurz nach der Geburt von ihrer Mutter. Dann bot er den

Äffchen eine der Körperform der Mutter nachempfundene Attrappe aus Draht an, wo sie an einer Zitze Milch saugen konnten. Daneben war eine zweite Attrappe, die mit einem flauschigen Stoff bezogen war, aber keine Nahrung spendete. Die Äffchen sprangen durchweg nur ganz kurz zum Milch säugen auf die kalte Drahtattrappe, um dann sofort zu der flauschigen zu wechseln. Dort verharrten die bemitleidenswerten Äffchen stundenlang angeklammert. Wenn ihnen Angst gemacht wurde, flohen sie ausschließlich zu der vermeintlichen mütterliche Wärme, jedoch keine Nahrung spendenden Seite. Selbst wenn sie interessante Erkenntnisse bringen: Solche Menschen- und Tierversuche lehne ich ab. Sie sind brutal und asozial. Sie können nur mit einem Denken kreiert werden, das dem hier begründeten diametral entgehen steht.

Wir brauchen das Gefühl der Akzeptanz im sozialen Umfeld wie Wasser und Brot. Wörtlich gemeint. Ein Großteil unseres Wirkens kreist um die Pflege der Anerkennung in der Sozialität. Diese Gefühlswelt ist nicht immer sonderlich einfallsreich in den Mitteln, dieses Gefühl der Anerkennung zu bewirken. Sie gedeiht in einer eher bescheidenen Welt. Zuweilen treibt sie skurrile Blüten. In den 30er-Zonen der Innenstädte gehören PS-starke Bolliden zum Alltag. SUVs mit Allradantrieb boomen. Ein AMG-Mercedes wird mit verstellbaren Auspuffklappen ausgeliefert - gegen 4000 Euro Aufpreis versteht sich. Verstellbare Auspuffklappen „*braucht*" Mann, um den Motorsound zu ändern. Eine solche Funktion wird nicht für einsame Autobahnen konstruiert. Wohlbetuchte, bescheidene Geister erbauen sich an den auf ihre Blechkiste gerichteten Blicken, wenn sie ihre 8-Zylinder vor der Eisdiele kernig aufbrummen lassen. Und genau dafür ist dieses Feature gemacht. Es ist nur eine Variante der unzähligen Mittelchen, unseren sozialen Status zu pflegen, soziale Anerkennung zu bewirken.

Dieses Bestreben begleitet uns durch den Tag. Es ist Teil jeder Identität. Unsere Kleidung, unsere Autos, der Vorgarten, der Titel, der

Beruf, das Engagement im Verein, die Wahl des Urlaubsortes oder des Restaurants - die Frage der sozialen Anerkennung zieht sich zentral durchs Leben. Bemerkenswert ist nur, dass dieser eigentliche Zweck hinter „*sachlichen*" Argumenten vermeintlicher Zweckmäßigkeit versteckt wird. Wir wollen uns selbst und erst recht nicht den anderen eingestehen, wie wichtig uns soziale Anerkennung ist, wie gut sie sich anfühlt. Hier wirkt eine starke Triebkraft zumeist aus dem Unbewussten heraus. Und die ist sehr, sehr alt.

Die Abhängigkeit von der Gruppe war ganz früher evident. Das Mammut kann kein Mensch alleine jagen. Die Mammutjäger konnten sich nur durch extrem starken Zusammenhalt der Gruppe durchsetzen. Dieser innerhalb der Gruppe abgeschlossene Zusammenhalt erlebte irgendwann die entscheidende Zäsur. Denn vor 30.000 oder mehr Jahren öffnete sich dieser Zusammenhalt für Fremde. Es war nicht etwa eine andere Menschengruppe. Es war sogar eine andere Spezies. Es war der Wolf für den sich die Sozialstruktur unserer Vorfahren erstmals öffnete. Eine Innovation auf diesem Planeten. Bis dahin war eine auf der Großfamilie basierende Kleingruppe die fest verdrahtete, klar abgegrenzte Sozialität aller Hominiden gewesen. Über Jahrmillionen, tief in unserer Psyche verankert. Noch heute ist sie ganz lebendig. Für den Aufbau moderner Zivilisationen musste diese Abschottung unserer Sozialität aufgebrochen werden. Dieser Konflikt zwischen Abschottung und Öffnung zieht sich seither durch die Geschichte der Menschheit. Sie ist ganz aktuell. Ich werde zeigen, dass der Wolf in diesem Prozess eine entscheidende Rolle spielte und lange Zeit als Hund weiter spielte.

Bindung oder?

Kein anderer als der Wolf durchbrach die Membran der sozialen Zelle unserer archaischen Vorfahren und wurde Teil ihrer selbst. Dieser Canide wurde ein Mitglied der menschlichen Sozialität. Er wurde gar unser aktiver Gefährte im Überlebenskampf. Durch den Wolf hatte Homo sapiens die Jagd auf das Mammut gelernt. Später, als Proto-Hund, spendete er Geborgenheit: Er wachte, beschützte, wärmte in den kalten Nächten. Der Hund machte den Clan beweglicher. Mit ihm als Lasten- und Zugtier konnte das Fleisch des getöteten Mammuts viel schneller zum Lager gebracht werden. Mit ihm konnte der Clan viel effektiver zum besten Lagerplatz wechseln.

Dieses Tier war kein Anhängsel einer Menschengruppe, es war ein Teil ihrer geworden, ein tragendes Element der Sozialität des modernen Homo sapiens. Dieser Befund erscheint auf den ersten Blick noch nicht sonderlich revolutionär. Meiner Auffassung nach ist er es in der Tat. Ich habe es schon einige Male in wissenschaftlichen Publikationen und Vorträgen zusammen mit Daniela Pörtl begründet. Im Zuge dieser sozialen Emanzipation aus der archaischen Kleingruppenstruktur wurde das Fundament aller modernen Gesellschaften gelegt. Klar, zunächst lebten die Mammutjäger weiterhin in kleinen Verbänden. Aber ihr Denken und Fühlen schloss nun etwas Fremdes, Andersartiges mit ein. Es wurde bereits ein stückweit auf die neuen Anforderungen moderner Zivilisationen trainiert. Diese Fähigkeit kam schon damals dann ganz praktisch zum Tragen im Fortschreiten der Vernetzung unter den Clans. Schließlich fand diese Fähigkeit ihren ersten Höhepunkt in den großen Stammesübergreifenden Festen von Göbekli Tepe, die ich in Kapitel 4 beschreibe.

Zusammen mit Professor Antonio Benítez-Burraco von den Universitäten Sevilla und Oxford und Daniela Pörtl habe ich 2020 eine Studie veröffentlicht, in der wir die Hypothese entwickeln, dass die Domestikation des Hundes wahrscheinlich sogar einen fördernden Einfluss auf die Höherentwicklung der menschlichen Sprache gehabt haben könnte. Die soziale Öffnung über die Artgrenze hinaus, die gewachsene Toleranz, der geweitete Horizont und das gesunkene Stressniveau, auf das ich gleich noch zurückkommen werde, wirkten wie ein Katalysator für das Bedürfnis und die Fähigkeit per Sprache zu kommunizieren. Überhaupt das Interesse herauszubilden, sich auf die Gepflogenheiten der anderen Spezies einzulassen, immerhin soweit, dass es gelang, in einer Sozialität zum gegenseitigen Vorteil zu leben. Eigentlich eine Innovation der Evolution, die fast alle anderen der letzten 40.000 Jahren in den Schatten stellt.

Möglicherweise war die Fähigkeit, die eigene Sozialstruktur zu öffnen und weiterzuentwickeln, der entscheidende Trumpf des Homo sapiens gegenüber dem Neandertaler. Unklar bleibt noch, wie Neandertaler und Sapiens zueinander standen. Es gab wohl über ein paar tausend Jahre hinweg einen Austausch an Kultur, wie es 2020 Jean-Jacques Hublin und Helen Fewlass vom Leipziger Max Planck-Institut für evolutionäre Anthropologie auf Basis von Ausgrabungen in Bulgarien vermuten. Sicher gab es mehr als einmal Liaisonen zwischen diesen beiden Menschenarten. Den Beweis tragen Europäer und Asiaten in ihren Genen mit sich. Aber es gibt keine Hinweise über eine soziale Öffnung und ein Verschmelzen darüber hinaus.

Den besonderen Stellenwert der Bindung von Mensch und Hund können wir noch heute beobachten. Hunde stehen uns sozial näher als jeder Vertreter unserer genetischen Verwandtschaft. Evolutionär haben sich Hunde und Menschen bereits vor 100 Millionen Jahren getrennt. Das ist eine verdammt lange Zeit. Schimpansen, Bonobos und Menschen trennten sich evolutionär vor gerade einmal 7 Millionen Jahren. Abspaltung 100 zu 7 - da sollte eigentlich klar sein, wer uns im Sozialverhalten näher steht. Die Praxis zeigt jedoch ein anderes Bild. Einen Schimpansen kann man nicht im Haus halten. Er hat kein Interesse an der Sozialität mit uns Menschen, selbst wenn er von Baby an liebevoll durch Menschen aufgezogen wurde. Ein Schimpanse als Mitbewohner hat noch nie funktioniert, nicht einmal bei solchen Individuen, die aus einem seit Generationen in der Gefangenschaft lebenden Zweig stammen und von Geburt an per Flasche aufgezogen wurden. Gerade in den USA haben das reiche „*Tierfreunde*", nicht selten aus Hollywood, immer wieder versucht. Die Vorstellungen von einem Zusammenleben sind weit weg von den realen Bedürfnissen eines Schimpansen oder Bonobos.

Bei Mensch und Hund - ähnliches gilt für das Pferd - sieht das anders aus. Besonders in Sachen Kooperation sind die Gemeinsamkeiten stark ausgeprägt. Die moderne Wissenschaft belegt es. Forscher der University of Arizona haben gezeigt, dass soziale Intelligenz und Kooperationsbereitschaft von Kleinkindern und Hunden ganz ähnlich ausgebildet sind. Sozial ticken wir gleich. Die Ähnlichkeiten sind jedenfalls um Welten größer als die zwischen Kleinkindern und Schimpansen. Das Team von Evan MacLean versteckte in einem Raum Leckerlis und Spielzeug als Belohnungen. Als die drei Probanden - die Kleinkinder, die Hunde, die Schimpansen - in den Raum traten, saß ein Mensch in einer Ecke, zunächst teilnahmslos. Dann versuchte er, den Standort der Belohnungen mitzuteilen. Er gab Hinweise durch Zeigen und Schauen in die Richtung der versteckten Leckerlis und Spielzeuge. Kleinkinder und Hunde verstanden diese Hinweise sofort. Ja, sie suchten regelrecht die Kommunikation zum Menschen, bereits dann, wenn dieser noch teilnahmslos schien. Sie nahmen die Hilfe dankbar und voller Vertrauen an - egal ob sie per Hand oder mit Blicken gegeben wurde. Schimpansen dagegen interessierten sich nicht für den Menschen. Sie ignorierten dessen Hinweise komplett. Kinder wie Hunde fühlten allerdings, dass die Informationen des unbekannten Menschen für sie hilfreich sein können, vertrauten dieser fremden Person arglos. Sie richteten ihr Suchen sofort danach aus. Sie interpretierten diese Zeichen einer fremden Person, ohne darüber nachzudenken zu müssen, als Akt der Kooperation.

Unsere biologisch nächsten Verwandten. Schimpansen interessierten sich nicht einmal für diese Informationen. Sie suchten sofort auf eigene Faust drauflos. Sie ignorierten uns vollkommen. Kooperation mit

Fremden scheint ihnen eine unbekannte, eine fremde Welt zu sein. *„Unsere Arbeitshypothese ist, dass Hunde und Menschen wahrscheinlich einige dieser Fähigkeiten als Ergebnis ähnlicher evolutionärer Prozesse entwickelt haben. Wahrscheinlich waren einige Dinge, die in der menschlichen Evolution passiert sind, sehr ähnlich Prozessen, die in der Hundedomestikation passiert sind",* schreibt mir Evan MacLean in einer Email und ergänzt: *„Möglicherweise können wir durch das Studium von Hunden und deren Domestikation etwas über die menschliche Evolution lernen."*

Üblicherweise sprechen Forscher, besonders dann, wenn es Naturwissenschaftler sind, nicht gerne in moralischen Kategorien wie etwa Dank. Doch hatten es Menschen erstmals in ihrer Evolutionsgeschichte geschafft, die Grenzen der Kleingruppe zu durchbrechen. Den Hunden respektive Wölfen sei Dank. Denn ohne deren Annäherung an den Menschen und die aktive Integration in die Sozialität des Menschen, wäre es niemals gelungen. Bei einem solch starken, intelligenten wie potenziell gefährlichen Konkurrenten wie dem Wolf wäre dies als einseitiger, aufgezwungener Akt niemals möglich gewesen. Nur ein freiwilliger Deal auf Gegenseitigkeit ist vorstellbar. Und die Belege für eine solche Vorstellung sind überwältigend. So wurde die einst homogene Kleingruppe erweitert und zu einer heterogenen, offeneren Gemeinschaft. Die Hunde waren fester Bestandteil des Clan-Lebens geworden. Man musste mit ihnen 24 Stunden am Tag auskommen. Und man wollte es auch. Man musste die Sprache der Hunde erlernen. Die Kinder spielten mit den Welpen. Emotionale Bande wurden beim Krabbeln auf dem Boden geknüpft. Solche kindlichen Erfahrungen prägen das ganze Leben aller Beteiligten. Das gilt bis heute.

Menschen und Hunde konnten sich über viele tausend Jahre hinweg darauf verlassen, dass jede und jeder alles für die Gemeinschaft gab. Sei es beim Jagen oder beim Schutz der eigenen Leute. Ich denke an die Laiki oder Samojeden-Hunde, die in Sibirien heute noch das Lager und die abgeschiedenen Dörfer gegen Eisbären verteidigen. Die Menschen dort können viele Geschichten erzählen, wie sich ihre Laiki unter Einsatz des eigenen Lebens aufgeopfert und schließlich die hungrigen Eisbären vertrieben haben. Heute wie seit Urzeiten. Gemeinsam vertrieb man schon die letzten Säbelzahntiger, die im Schutze der Nacht ein Kind rauben wollten. Wenn unter dem Sternenhimmel das Lagerfeuer knisterte, konnten sich die Menschen darauf verlassen, dass ihre Hunde wachten und sich notfalls dem Angreifer ohne Zögern entgegenwarfen. Gemeinsam durch Leben gehen, gemeinsam Arbeiten, sich uneingeschränkt aufeinander verlassen können - das schweißt zusammen. Das tut der Seele gut.

Ich durfte diese zusammenschweißende Kraft der Arbeit selbst spüren, unter Menschen. Die Umstände waren alles andere als romantisch. Es spielte nicht in der Natur ab und es waren auch keine Hunde oder Wölfe dabei. Schon als Schüler und später als Student hatte ich regelmäßig in großen Fabriken gearbeitet. Die Arbeit war meist hart. Zuweilen lief die Produktion im Vollkonti-Schichtbetrieb rund um die Uhr. So arbeitete ich einige Zeit als Gießer bei den Vereinigten Aluminium Werken in Bonn. Das ging oft an meine Leistungsgrenze. Diese Zeit brachte mir allerdings eine Erfahrung, buchstäblich im Schweiße meines Angesichts, die ich nicht missen will. Eben dieser Zusammenhalt, dieses Gefühl der Gemeinschaft durch das harte, oft kräftezehrende, gemeinsame Arbeiten. Wenn es drauf ankam, gab jeder alles. Und jeder musste auch alles geben. Nur gemeinsam, unter vollem Einsatz jeder Hand konnte der Guss gelingen. In der Hitze, im hellen Schein des heißen, flüssigen Metalls musste beherzt zugepackt werden, Hand in Hand. Alles musste sitzen. Sich herausmogeln, galt nicht. Man wusste ohne große Worte, dass man sich aufeinander verlassen kann. Tag für Tag, Nacht für Nacht. Jeder half dem anderen ohne zu zögern, wenn es Probleme gab. Dieser Zusammenhalt hatte etwas Erhabenes. Allein er machte die schwere Arbeit erträglich. Da spielte es keine Rolle woher ein Kollege kam. Einzig die Tat zählte.

Runter mit dem Stress

Eine solche Gefühlswelt, lässt mich erahnen wie der Zusammenhalt von Menschen und Hunden damals auf die Gefühle wirkte. Bei der Jagd, beim Schutz des Lagers wurde der Zusammenhalt oft genug auf die Probe gestellt. Das schafft Vertrauen und Geborgenheit. Ich denke an das gemeinsame Erleben mit Mary und Zander vor dem Hundeschlitten. Ich denke an die Schäferhunde, die mit höchstem Eifer die Anweisungen des Hirten ausführen. Diese Zusammenarbeit hat etwas Erhabenes und Entspannendes zugleich. Es kommt zu einem weiteren Effekt: Das Niveau der Stressachse verschiebt sich nach unten.

Wenn wir keinen Stress haben, fühlen wir uns entspannt. Diese Stimmung macht uns kreativer, toleranter, cooler und offener für neue soziale Kontakte. Gemeinsames Arbeiten und Senkung des Stressniveaus sind gleichgerichtete Prozesse, die sich gegenseitig verstärken. Dauerhafter Stress hingegen zehrt an den Kräften. Er macht uns krank. Er macht unpässlich, ja aggressiv, lässt manche schnell den Stinkefinger zeigen. Stress macht intolerant.

Das Thema Stress spielt für das Verständnis der Bedeutung des Hundes eine wichtige Rolle. Unser allgemeines Niveau in Sachen Stress nennen die Neurologen Stressachse, genauer HPA-Stressachse, Hypothalamus-Hypophysen-Nebennierenrinden-Stressachse. Hinter diesem langen Wortgebilde verbirgt sich ein Regulierungssystem, das den ganzen Körper maßgeblich beeinflusst. Es steuert unser Immunsystem, den Blutdruck, die Psyche, die Fertilität, die Verarbeitung unserer Nahrung, die Grundstimmung, ja sogar unsere Wahrnehmungs- und Denkfähigkeit. Die Stressachse ist ein zentraler

Mechanismus, der uns auf die allgemeinen Herausforderungen der Umwelt einstellt.

Als Antwort auf eine bedrohliche Umwelt wird die Stressachse hochreguliert. Unsere Sinne, unsere Psyche, unsere Gefühle, der ganze Körper ist nun optimal darauf eingestellt, auf Bedrohungen zu reagieren oder mit karger Nahrung auszukommen. Wir sind ständig angespannt und zu Flucht oder Kampf bereit. Unter Stress sind wir gereizt und sehen Fremde als Bedrohung.

Ist die Umwelt freundlicher so wird die Stressachse herunter reguliert. Wir können entspannen. Wir fühlen uns geborgen. Mit einer heruntergeregelten Stressachse sind wir leistungsfähiger, robuster, auf lange Sicht gesünder. Kreativität kann sich entfalten. Wir sind sozial toleranter und offen für Neues.

Eine erste Justierung der Stressachse erleben wir bereits im Mutterleib. Über die Mutter erfahren wir die aktuelle Lage, spüren ob sie voller Gefahren ist oder Geborgenheit spendet. Per Epigenetik werden in unserem Erbgut Schalter aktiviert und deaktiviert, die die Stressachse schon vor der Geburt justieren. Diese Grundeinstellung wirkt über unser gesamtes Leben, ja sie kann sogar an kommende Generationen weitergegeben werden. Es macht evolutionär Sinn, dass diese Grundeinstellung der Stressachse an die Nachkommen weitergegeben wird.

Zur Wirkung von Stress und Epigenetik gibt es eine bemerkenswerte Langzeituntersuchung. Ausgangspunkt ist der Hungerwinter in Holland 1944/45; eine extrem stressende Lage für die Bevölkerung. Bastiaan Heijmans von der Universität Leiden in den Niederlanden schaute sich die Entwicklung der im Hungerwinter geborenen Kinder und wiederum deren Kinder an. Die Kinder der Mütter, die damals Hunger und den Stress durch Krieg, Besatzer und Verfolgung erleiden mussten, neigen überdurchschnittlich stark zu Übergewicht. Auch psychische Erkrankungen treten weit überdurchschnittlich auf. Diese Effekte sind sogar noch bei den Enkeln nachweisbar: Übergewicht, Diabetes, Erkrankungen der Psyche – alles ist weit überdurchschnittlich ausgeprägt. Damals im Hungerwinter wurde die Stressachse der Kinder zur Vorbereitung auf die feindliche Umwelt auf ein höheres Niveau justiert. Diese Justierung war so tiefgreifend, dass sie sich über zwei Generationen gehalten hat - obwohl die Gefahr längst vorüber war. Sie ist selbst noch bei den Enkeln nachweisbar, die keinen unmittelbaren Bezug zum Hungerwinter haben, die in die Phase des Wohlstands nach 1960 hineingeboren wurden.

Neue Fähigkeiten für die Menschheit

Solche Mechanismen der Genetik sind sehr alt. Vor 40.000 Jahren wirkte dieser Mechanismus der Justierung der Stressachse in exakt die andere Richtung als im Hungerwinter. Die Stressachse wurde nach unten reguliert. Die Fähigkeit, mit Fremden zu leben und zu arbeiten, entsteht. Vier Faktoren kamen dabei zum Tragen:

1. Die Zusammenarbeit mit dem Hund hat die Versorgungslage, das Sicherheitsniveau und die Durchsetzungskraft des Menschenclans nachhaltig auf eine höhere Stufe gehoben. So konnte man entspannter auf in die Zukunft schauen.
2. Die Grenzen der Kleingruppe wurden durch die Aufnahme der Wölfe resp. Hunde in die Gemeinschaft erstmals aufgebrochen. So wurde der soziale Horizont erweitert. Denkweise, Sprache, Sozialstrukturen wurden auf die großen Vernetzungen der Zukunft vorbereitet.
3. Empfinden und Wissen um einen verlässlichen Partner ließen die Stressachse dauerhaft sinken. Das stieß eine

neue Epoche der kulturellen und technischen Entwicklung an.

4.   Alle drei Punkte wirken gleichgerichtet. Sie verstärken und festigen sich gegenseitig.

Tausend Jahre später.

Wie jeden Abend, wenn die Sonne langsam untergeht, brennt das Lagerfeuer des Mammutjäger Clans. Für diese Menschen gehören die Hunde nun schon „*seit Menschengedenken*" dazu. Die Alten erzählen die von ihren Eltern und deren Eltern überlieferten Geschichten, wie Mensch und Wolf Freunde wurden. Sie berichten, dass mit dieser Verbindung ihr Stamm gegründet wurde. Alle hören andächtig zu. Selbst die Hunde lauschen. Kinder und Hunde liegen auf Tuchfühlung angekuschelt, wärmen sich im Licht des Feuers gegenseitig. Für sie ist ein Leben ohne ihre tierischen Begleiter unvorstellbar. Und für die Hunde eines ohne Menschen ebenso wenig. Diese Geschichten sind zur Identität der Gemeinschaft geworden. Sie ähneln denen, wie sie noch heute von den Stämmen der First Nations in Nordamerika erzählt werden. Oder von den Nenzen in Sibirien oder den Shuar im Regenwald Amazoniens oder den Aborigines im Outback Australiens. Praktisch alle alten Kulturen berichten in ihren Mythen von der Begegnung von Wolf und Mensch. Es ist sicher kein Zufall, dass für nicht wenige Völker rund um den Globus der Wolf zu ihren Gründungsvätern und -müttern zählt (siehe Kapitel 1).

Unser Mammutjäger-Clan wird von den anderen Stämmen die „*Wolfsmenschen*" genannt. Es hat ein hohes Prestige, zusammen mit den Wölfen zu leben. Gelegentlich werden Welpen an andere Clans als wertvolles Geschenk überreicht. Es gilt als hohe Ehrerbietung, ein paar Hundewelpen als Geschenk zu erhalten. So verbreitet sich das Zusammenleben von Mensch und Hund unter den Stämmen in der endlos erscheinenden Kaltsteppe. Mit den wertvollen Geschenken

entstehen Freundschaften. Die Hunde sind immer ein Gesprächs-
thema, das verbindet. Man berichtet stolz von deren Leistungen, von
den gemeinsamen Jagden, lacht über kauzige Eigenbrötler. Für
Geschichten, die den Abend füllen, ist gesorgt. Ist ein Treffen zu Ende
gegangen, freut man sich schon auf das nächste. Und die Hunde freuen
sich mit. Warum sollte es damals anders gewesen sein als heute? Die
Vernetzung unter den Clans und Stämmen wird dichter und erreicht
große Entfernungen. So gelangt irgendwann der erste Bernstein von
der Ostsee ans Schwarze Meer und Gold aus den Alpen an die Nordsee.

Noch ein paar tausend Jahre später.

Menschen sind immer noch sehr selten. Das Leben ist zwar leichter
geworden, aber immer noch hart genug. Die Jagd auf Mammuts und
Bisons erfordert Mut und Können. Doch unsere Vorfahren haben sich
in jeder Hinsicht emanzipiert. Sie beherrschen das Überleben in der
einst fremden, eiszeitlichen Kaltsteppe aus dem Effeff. Sie sind ganz
oben angekommen. Aus dem Flüchtling ist der Spitzenprädator
erwachsen. Mit ihren Hunden wurde die Jagd auf Mammut und Bison
noch erfolgreicher. Sie ernährt die Menschen gut. Unsere Ahnen
finden Muße zwischen den Jagden. Sie können die kristallklaren
Sternennächte mit abertausenden leuchtenden Punkten am Himmel
genießen. Sie können träumen. Sie können die Gedanken schweifen
lassen, über neue Techniken nachdenken, ja, über ein Leben nach dem
Tod philosophieren. Sie entwickeln die Sprache, um von weit entfernten Dingen zu berichten, die Tage zurückliegen, von Begegnungen mit
fremden Gegenden, Tieren und Menschen, die noch kein Mitglied ihres
Clans je gesehen hat. Das Denken emanzipiert sich aus dem
Unmittelbaren. Wir lernen abstrakt zu denken.

Diese Menschen haben Zeit, neue Waffen, wie Speerschleuder oder
Pfeil und Bogen zu entwickeln. Die Besuche bei anderen Clans sind
längst Teil ihrer Kultur geworden. Längst hat man gelernt, sich

gegenseitig von der Vergangenheit wie von der Zukunft zu erzählen. Die Menschen haben Zeit und Vorräte, um gemeinsam zu feiern, zu musizieren, Spiritualität zu leben. Faustkeile sind längst Hightech-Produkte geworden. Es gibt sie in zahlreichen Varianten für jeden Einsatzzweck, Küchenklingen wie Jagdwaffen. Ihre Herstellung erfordert viel Know How und Geschick. An manchen Plätzen werden Steinwerkzeuge bereits im großen Stil genormt hergestellt. Mit speziellen Feuersteinen werden regelrechte Werkzeugkoffer ausgestattet. Auch das Mammutelfenbein wird in Manufakturen verarbeitet.

Ein sich selbst verstärkender Prozess war in Gang gekommen. Er brachte die von den Archäologen „Aurignacien" genannte Epoche einer ersten Hochkultur hervor. Es ist die erste große Blütezeit in der Evolution des Homo sapiens. Sie schuf zugleich die elementaren Grundlagen für den nächsten großen Sprung der Menschheit: Den Übergang zu Ackerbau und Viehzucht verbunden mit Sesshaftwerdung und einer neuen Dimension der Vernetzung. Diese neue Epoche basierte nicht primär auf neuen Technologien. Sie wurde durch die in neuer Qualität gereifte Fähigkeit des Menschen zur Kooperation ermöglicht. Die Veränderungen der Psyche waren die Basis der neuen Epoche. Kommunikation über die alten Horizonte hinaus war nicht mehr nur eine Notwendigkeit, vielmehr ein neues, inneres Bedürfnis geworden. Wir haben gesehen, dass diese Veränderungen ihren Anfang mit der Aufnahme der Wölfe in die Gemeinschaft der Menschen genommen hatten. So wurde die Fähigkeit geboren, später die ersten großen Zivilisationen zu schaffen und zehntausend Jahre danach die heute weltumspannende Zusammenarbeit.

In Kapitel vier habe ich deshalb die ersten großen Feste der Menschheit vor 12.000 Jahren auf dem Göbekli Tepe vorgestellt. Erstmals waren Menschen der verschiedenen Stämme und Kulturen zusammen gekommen. Sie machten sich die Mühe, mit Menschen anderer Sprache zu kommunizieren. Diese Sprache musste eine erste abstrakte Sprache sein. Denn sie musste auch Informationen vermitteln, die nur von einer Seite real erlebt worden waren. Sie musste in dem Gegenüber ein virtuelles Bild erschaffen, das dem Erlebten des Erzählenden möglichst nahe kam. Dieses Bedürfnis nach Verbindung zum Fremden - und die psychische Fähigkeit hierzu - sind nur auf Basis des hier skizzierten Sprungs in der Sozialität zu erklären. Der ging - sich gegenseitig verstärkend - mit dem nach unten gerichteten Niveau der Stressachse und dem nach oben gerichteten Niveau der sozialen Freundlichkeit einher (siehe Kapitel 15). Unsere Vorfahren mussten tolerant gegenüber anderen Sitten und Gebräuchen geworden sein. Erstmals war es Menschen ein dauerhaftes Bedürfnis geworden, sich über die Familienstruktur hinaus zu vernetzten.

Zu solchen Leistungen ist der Neandertaler nie in der Lage gewesen. Nach allen was wir wissen, verharrte er in seiner Kleingruppe. Er blieb in seiner archaischen Sozialstruktur verhaftet. Durchaus erfolgreich über weit mehr als 100.000 Jahre hinweg. Das muss ihm der Sapiens erst noch nachmachen. Wir bereits nach gut 40.000 Jahren dabei, unsere eigene Lebensgrundlage zu vernichten. Neandertaler waren alles andere als primitiv. Sie brachten eine entwickelte Kultur hervor. Sie kannten ihre natürliche Umwelt aus dem Effeff wie vielleicht nicht mal der frühe Homo sapiens. Sie kannten sicher auch den Wolf, sein Verhalten, seine Kommunikation bestens. Wahrscheinlich pflegten auch sie intensivere Kontakte wie es manche Inuit mit den Arktischen Wölfen noch heute tun. Aber das ist Spekulation. Keine Spekulation ist, dass es keinerlei Indizien gibt, dass sich einer der Neandertaler-Clans jemals dem Wolf geöffnet hätte. Die Bindung blieb auf Distanz. Der Neandertaler ließ keinen Fremden in seine Kleingruppe. Seine soziale Membran blieb undurchlässig, seine soziale Kompetenz blieb auf die Großfamilie beschränkt. Wolf und Neandertaler konnten sich daher auch nicht gegenseitig domestizieren. Nur Homo sapiens hat diese Leistung gemeinsam mit dem Wolf vollbracht. Ein Glücksgriff des Schicksals.

14 Gibt es Liebe zwischen Tieren und Menschen?

Liebe ist das größte aller Gefühle. Gegenüber Tieren immer noch ein Tabu. Die Wissenschaft bestätigt tiefe Gefühle - auf beiden Seiten. Und unsere Vorfahren handelten sogar danach. Wir wissen: Sie beerdigten Hunde, Katzen, Pferde wie Familienmitglieder. Aus Liebe?

„Hunde schenken uns ihre Zuneigung vollständig und ohne Falsch. Das erklärt wohl, warum man ein Tier wie Jofi mit derart großer Intensität lieben kann. Und schließlich, trotz aller Unterschiede in der organischen Entwicklung, habe ich ein Gefühl intimster Verwandtschaft und kompromissloser Zusammengehörigkeit.“ Diese Liebeserklärung an einen Hund stammt von Sigmund Freud, dem Begründer der Psychoanalyse. Da war er bereits Mitte siebzig und Jofi, die junge Chow-Chow Hündin, war seine Begleiterin. Freud war ein messerscharfer Analytiker des menschlichen Gefühlslebens. Ihm war bewusst, was er schreibt. Er wusste, das Wort *„lieben“* sehr wohl zu deuten.

Unterstützung kommt von Charles Darwin. Er schreibt aus der Sicht des Hundes. Darwin notiert in seinem Hauptwerk über den *„Ursprung der Arten“*: *„Es lässt sich kaum bezweifeln, dass die Liebe zum Menschen beim Hund zu einem Instinkt geworden ist.“* Freud beschreibt die Liebe des Menschen zum Hund. Darwin die Liebe des Hundes zum Menschen. Mit solch klaren Aussagen düpieren diese großen Denker den sakral-biederen Geist, der tiefere Gefühle für ein Tier, gar Liebe für ein Tier unter Bann stellt. Sie düpieren die etablierte

Naturwissenschaft, die noch vor zwei oder drei Dekaden Tieren ein Gefühlsleben pauschal abgesprochen hat.

Was ist Liebe?

Liebe ist nicht gleich Liebe. Die Liebe der Eltern zu ihren Kindern ist eine andere als die Liebe eines Kindes zur Mutter oder zum Vater. Und die Liebe zwanzigjähriger ist nicht dieselbe wie nach der Goldenen Hochzeit. Welche konkrete Ausformung Liebe auch immer hat, sie ist das am meisten verbindende aller Gefühle. Sie ist Emotion in ihrer höchsten Ausformung. Und dieses ultimative Gefühl soll zwischen Mensch und Hund existieren können, wie Darwin und Freud schreiben? Wenn ich an meine eigenen Hunde und Katzen denke, die ich durch ihr immer viel zu kurzes Leben begleiten durfte, so spüre ich genau, *„ja, dieses Gefühl existiert!"* Es gibt nur wenige Menschen, zu denen ich ein so inniges, emotional verbindendes Gefühl entwickelt hatte, wie zu meinen Bulldogs Willi, Bruno und Berta oder zu meinem Kater Fridolin.

Wenn wir an die lange gemeinsame, eng verbundene Geschichte von Mensch und Tier denken, sollte sich der Verstand nicht mehr so krass gegen solch starke Gefühle wehren. Hunde, Katzen und Pferde können intensive Bindungen zu uns Menschen entwickeln und umgekehrt ebenso. Sie sind Teil unserer evolutionären Identität geworden - auch wenn dieses Bewusstsein im Mittelalter geächtet wurde und bis heute in unserer Gesellschaft seine Spuren zeichnet. Die live gespürten, verbindenden Gefühle im persönlichen Leben heute lassen die fast vergessenen Jahrtausende einer schicksalhaften Gemeinschaft lebendig werden. Ihr psychisches Potenzial ist eine logische Folge hieraus. Darwin und Freud haben das gespürt. Sie hatten immerhin den Mut, es auszusprechen. Doch sie ahnten es lediglich. Sie hatten zu ihrer Zeit weder die archäologischen noch die genetischen oder neurobiologischen Instrumente, solchen Thesen nachzugehen. Halten ihre Ansichten einer nüchternen wissenschaftlichen Prüfung stand?

Wir ticken gleich

Wir können Hunde, Pferde oder Katzen nicht fragen, welche Gefühle sie für uns empfinden. Selbst wir Menschen tun uns schwer, Gefühle untereinander zu beschreiben gerade wenn es um Liebe geht. Die von Endorphinen erzeugten Schmetterlinge zu Beginn einer Liebe, sind meist schnell verflogen. Was macht Liebe dann? Ob wir einen anderen Menschen lieben, warum wir ihn lieben - selbst das, oder gerade das fällt uns schwer, in Worte zu fassen. Für eine nüchterne Analyse bedarf es daher einer objektiven Annäherung. Die heutige Neurobiologie bietet diesen Zugang erstaunlich klar. Sie kann unsere Hormone messen. Sie kann ins arbeitende Gehirn schauen. Dabei sehen die Fachleute bis ins Detail, welche Areale unseres Nervensystems aktiv sind. Wir wissen, welche Hormone beim Gefühl von Zuneigung und Liebe besonders stark ausgeschüttet werden. Dopamin und Oxytocin zum Beispiel. Wir können dann auch noch den Herzschlag messen und die Kurven der Herzfrequenz verfolgen.

Genau das haben zahlreiche Studien gemacht. Sie kamen immer zu gleichen Aussagen ob sie nun in den USA, Japan oder Italien durchgeführt wurden. So haben sie gezeigt, dass sich der Herzschlag von Haltern und Hunden miteinander synchronisiert. Die Synchronisierung ist umso stärker, je vertrauter die Bindung zwischen Frauchen oder Herrchen und ihrem Hund ist. Nicht nur der Herzschlag als solches synchronisiert sich. Auch die Herzfrequenzvariabilität zeigt denselben Effekt. Sprich: Nicht nur die Anzahl der Herzschläge vielmehr darüber hinaus die ganzen Kurven der stetigen Veränderungen im Herzrhythmus laufen parallel. Das ist ein Effekt, den man so ausgeprägt nur bei frisch verliebten Paaren misst. Dasselbe sehen wir beim Bindungshormon Oxytocin. Es wird bei Mensch wie

Hund ausgeschüttet. Beim sich berühren, bei der Begrüßung, beim sich anschauen. Immer geht das Hormonfeuerwerk los. Voraussetzung auch hier: die Bindung untereinander. Das Wirkschema ist dasselbe wie bei der Herzfrequenz. Je enger die Bindung, desto intensiver die Hormone. Und zwar auf beiden Seiten, Hund wie Mensch. Wenn wir uns gegenseitig in die Augen schauen, kann das von erstaunlichen Gefühlen begleitet sein. Die Wirkung kann so intensiv sein wie bei jungen Müttern, die ihr Baby anschauen. Intensivere Gefühle gibt es nicht. Forscher haben ferner herausgefunden, dass „*Stress durch die Leine geht*".

Solche Befunde der Neurobiologie sind starke Belege, dass zwischen Mensch und Hund gegenseitige, starke Gefühle der Bindung entstehen können, so auch Gefühle, die man im weitesten Sinne als „*Liebe*" bezeichnen könnte. Keine Überraschung für die Tierfreunde unter den Leserinnen und Lesern. Das wussten und fühlten sie schon immer. Es wird durch die Wissenschaft lediglich bestätigt. Man kann davon ausgehen, dass diese zwischen Menschen und Hunden gemessenen Effekte vom Prinzip her auch mit Hauskatzen, Pferden und anderen nicht-menschlichen Tieren nachvollzogen werden können, die eine persönliche Beziehung zu ihren Menschen aufbauen. Es mangelt aber schlicht an Untersuchungen hierzu. Die Zuneigung der Tiere ist also keine Wunschvorstellung sentimentaler Tierfreunde. Die Gefühle sind real.

Diese Annahme wird durch Gehirnstudien bestärkt. Wissenschaftler um Gregory Berns in Atlanta (USA) und Adam Miklósi in Budapest (Ungarn) sind hier weltweit führend. Sie legen Hunde und Menschen in einen Computertomographen. Mit diesen Geräten können sie dem Hirn bei der Arbeit live zuschauen. Das ist sehr teuer und erfordert einen hohen Aufwand an Trainingsarbeit für die Hunde. Der Neurologie- und Psychiatrie-Professor Berns - ich habe seine Arbeit schon in Verbindung mit Erin Hecht aus Harvard erwähnt - machte sich zunächst privat an diese Forschung. In seiner Freizeit mietete er den Tomographen seines eigenen Instituts. Am Wochenende trainierte er zu Hause mit seiner Labrador-Hündin Callie in einem selbst gebauten Gestell aus Holz wie sie später in dem Tomographen völlig bewegungslos liegen solle. Der Aufwand hat sich gelohnt. Mittlerweile konnte bei mehr als 200 Hunden die Arbeit des Gehirns live in verschiedenen Tests beobachtet werden.

Wie schon die Versuche der Neurobiologen zeigen, arbeiten die sozialen Gehirne von Mensch und Hund sehr ähnlich. Dieselben Areale werden aktiv. Die Parallelen zwischen Mensch und Hund sind auch hier ausgeprägter als zu unseren genetisch nächsten Verwandten, den Bonobos und Schimpansen. Diese ticken im Detail ziemlich anders als wir; besonders wenn es ums Soziale geht. Hunde ticken dagegen auf dieselbe Art wie wir. Mensch und Hund stehen sich näher als alle anderen Spezies, die je untersucht wurden.

Die neuen Erkenntnisse der Naturwissenschaftler überzeugen inzwischen auch so manche alten Skeptiker. Clive D. L. Wynne, der Psychologie-Professor aus Arizona, den ich als Leiter des Canine Science Conference oben schon vorgestellt habe, ist so einer. Ich habe manch harte, immer freundschaftlich-sachliche Diskussion mit ihm, dem Freund Ray Coppingers, geführt. Clive hatte sich immer entschieden dagegen ausgesprochen, Tieren Gefühle zuzusprechen. Dazu hat er sogar ein Buch geschrieben. Die herzliche Begrüßung von Herrchen und Frauchen durch ihren Hund, reduzierte er auf die Erwartung des bevorstehenden Fütterns. Den Hund interessiere der Mensch lediglich als Dosenöffner für das Abendessen, so Clive noch vor gut 10 Jahren. Dann veröffentlichte er 2019 ein neues Buch. Es trug einen für all seine Freunde und Kollegen überraschenden Titel: *„Dog is Love"*. Entsprechend die Kommentare auf Twitter: *„Clive, das hätten wir von dir nie erwartet!"* Sogar die „Washington Post" gab sich verwundert ob seines Sinneswandels und fragt nach. Clives Antwort: *„Ich* *bin nur ungern ein Konvertit. Ich war jemand, der sich gegen den Gedanken wehrte, dass die scheinbare Zuneigung, die von unseren Hunden ausgeht, wirklich eine solche sein könnte. Aber letztendlich ergibt die Kombination aus zwei Erfahrungen ein anderes Ergebnis. Einerseits war es der Eintritt eines Hundes in mein Leben - der jetzt neben mir liegt, Xephos - und andererseits sind es die überwältigenden Beweise aus den Studien, die meine Schüler und ich gemacht haben. Und natürlich die Studien, die so viele andere Forscher gemacht haben. Sie ergeben wirklich unwiderstehlich ein anderes Bild. Klar, ich weiß, dass Xephos manchmal nur ihr Abendessen will. Aber ich bin mir ziemlich sicher, dass das nicht die ganze Wahrheit ist. Sie fühlt wirklich eine Bindung, eine Verbindung zu mir, die so real ist wie jede andere Bindung, die jedes andere Individuum in meinem Leben zu mir haben könnte.*" Für mich ist es ein Zeichen von Größe, wenn man wie Clive seinen Standpunkt aus guten Gründen ändert und auch dazu steht.

Geschichte einer innigen Beziehung vor 14.000 Jahren

Wie tief diese Vertrautheit in unserer gemeinsamen Evolution verankert ist, belegt ein ganz besonderer Fund. Er ist 14.200 Jahre alt und lag in Oberkassel bei Bonn. Das berühmte Doppelgrab. In der Grabstätte wurden zwischen einer etwa 20-jährigen Frau und einem mittelalten Mann zwei Hunde bestattet. Einer davon war ein Welpe. Die Untersuchungen der Gebeine bestätigen, dass es sich um voll domestizierte Hunde und nicht etwa um Wölfe handelt. Eine Arbeitsgruppe um Luc Janssens von der Universität Leiden untersuchte die Reste der Hunde genauer. Der Welpe verriet Erstaunliches. Anhand von Spuren in den Zähnen konnte nachgewiesen werden, dass er schwer an Staupe erkrankt war. Die Wissenschaftler schätzen, dass er binnen maximal drei Wochen an seiner Erkrankung hätte sterben müssen. Noch heute ist diese Viruserkrankung unheilbar und führt bei Welpen in den sicheren Tod. Doch der kleine Hund von Oberkassel überlebte drei bis vier Monate. „*Dies sei nur durch intensive Pflege durch seine Menschen erklärbar. Sie müssen den Welpen gewärmt, ihn mit Wasser und Futter versorgt haben. Da der Welpe keinen Nutzen als Arbeitstier gehabt habe, könne man von einer einzigartigen Beziehung der Pflege zwischen Menschen und Hunden vor 14.000 Jahren ausgehen*“, so der Tierarzt und Archäologe Luc Janssens.

Das Grab von Oberkassel ist zwar das älteste bisher gefundene. Es stellt jedoch keine Ausnahme dar. Es war vielmehr die Regel, dass unsere Vorfahren ihre treuen Gefährten würdevoll beerdigten. Es muss den Menschen sehr wichtig gewesen sein. Denn es machte viel Arbeit. Es gab keinen Mini-Bagger, der in zehn Minuten ein Grab ausheben kann. Diese Gräber mussten mit Steinäxten mühsam aus dem - vielleicht sogar gefrorenen - Boden herausgekratzt werden. Trotzdem: Archäologen finden solche Grabstätten überall, wo es Hunde gab - über die ganze Erde verteilt.

In der Region des Fruchtbaren Halbmondes wurden erst vor kurzem ganze Friedhöfe freigelegt auf denen Hunde wie Menschen beerdigt wurden. Alleine in der bedeutenden Handelsstadt der Bronzezeit, Aschkelon - heute Israel -, hat man über tausend Hundegräber freigelegt. Die Hunde waren sorgfältig begraben worden. Sie wurden in Schlafstellung zur Sonne ausgerichtet. Das machte man exakt auf dieselbe Art, wie man die Menschen zur letzten Ruhe bettete. Haben wir heute noch diesen Respekt, diese Wertschätzung für unsere Begleiter? Helen Dixon, Assistant Professor für Religionswissenschaften, bewertet diese Bestattungskulturen ausdrücklich als Zeichen einer hervorgehobenen Stellung des Hundes zum Menschen.

Bestattungskulturen für Hunde, Pferde, Katzen und einige weitere Tierarten ist keine Ausnahme, vielmehr die Regel in der Evolution des Homo sapiens. Der Respekt vor unseren Tieren war integraler Bestandteil aller Kulturen unserer Ahnen. Würdevolle Begräbnisse kann man als Zeichen von Liebe zu den Tieren werten. Der Archäologie-Professor Darcy Morey von der University of Kansas hat sich solche Bestattungskulturen rund um den Globus angeschaut und bestätigt, dass es sie *„in fast allen Kulturen über alle Epochen hinweg gegeben hat"*.

15 Wir domestizierten uns gegenseitig

Wir machten aus Wölfen Hunde. Tiere, vornedran Hunde, machten uns zum modernen Menschen. Kurz: Warum wir ohne die Hilfe der Tiere noch immer in der Steinzeit leben würden.

Die gemeinsame Evolution von Mensch und Tier lässt sich in unserem Verhalten, unseren Gefühlen aber auch in unserem Körper nachvollziehen. Manche sprechen von einer parallelen Evolution. Andere wie Charles Darwin von einer Co-Adaptation oder wie James Serpell von einer *„cross-species adaptation"*. Ich denke, aus dem bereits hier dargelegten können wir, was Mensch und Hund angeht, dass wir von einer ineinander verwobenen, gemeinsamen Evolution, ja von einer Koevolution sprechen können. Nur, was ist Domestikation?

Vor etwa 40.000 Jahren hat sich unser Skelett deutlich verändert. Diese Veränderungen laufen in ihrer Tendenz bei Hunden wie Menschen gleichförmig. Wissenschaftler sprechen beim Menschen von einer Feminisierung also Verweiblichung des Körperbaus. Sie wird von Forscher wie Brian Hare als ein äußeres Zeichen für Domestikation gewertet. Das gilt besonders für den Schädel. Die Front unseres Kopfes wurde immer glatter und zarter. Kinn, Backenknochen, Nasen, Augenwulste. Derselbe Prozess wirkte beim Hund. Deren Schnauze wurde kürzer und zarter. Selbst wolfsähnliche Hunde wie der Siberian Husky wirken im direkten Vergleich zu einem Wolf zart, eben weiblich.

Der Wolf macht uns weiblicher

Beim Menschen sind es besonders die Männer, die sich veränderten. Die heutigen Männer sehen weniger brutal, weniger aggressiv, weniger machohaft aus als vor 40.000 Jahren. Brian Hare hat Belege für einen solchen Prozess der Selbstdomestikation vorgelegt - wie er Domestikation in Bezug auf den Menschen nennt. Der Professor für evolutionäre Anthropologie am Canine Cognition Center der Duke Universität in den USA und sein Partner Robert Cieri vermaßen 13 Schädel des ganz frühen Homo sapiens, bis zu 80.000 Jahre alt. Dazu kamen 41 Schädel aus der Spanne von 10.000 bis 40.000 Jahren vor unserer Zeit. Zudem vermaßen sie 1.367 Schädel aus dem 20. Jahrhundert. Nur zwischen der ältesten und der mittleren Gruppe stellten sie erhebliche Unterschiede fest. Bis vor etwa 35.000 Jahren seien die Wülste über den Augen deutlich zurückgegangen. Der Gesichtsschädel wurde viel flacher und feiner. Der Testosteron-Spiegel muss in diesem Zeitraum rapide gesunken sein.

Das werten Hare und Cieri als Symptome einer Selbstdomestikation des Menschen. Als entscheidendes Merkmal des modernen Menschen sehen die Forscher um Hare die Zunahme der sozialen Kompetenz. Sie wurde zur Triebkraft einer höchst erfolgreichen Evolution. Zur sozialen Kompetenz passte das martialische, Testosteron getriebene Auftreten der alten Männer nicht. Menschenclan mit hoher sozialer Kompetenz hatten weniger Stress untereinander. So waren sie kreativer, innovativer und gesünder. Sie waren schlicht leistungsfähiger und setzten sich mit den Jahren durch. Soziale Kompetenz schuf Anerkennung in der Gruppe. Sie wurde zu einem Plus bei der Partnerwahl. Freundlichkeit zu einem evolutionären Trumpf. Das spiegelt sich dann im Bau des Schädels wider. Die Veränderungen sollen sich relativ abrupt, binnen nur 20 bis 40 Generationen vollzogen haben. Das ist archäologisch eine sehr kurze Spanne. Und das Zeitfenster dieses Prozesses liegt genau dort, wo wir den Start des gemeinsamen Weges von Wolf und Menschen, verortet haben. Robert Cieri kommt zu dem Schluss: *„Als die Menschen begannen, enger zusammenzuleben und neue Technologien auszutauschen, mussten sie lernen, tolerant zu sein. Der Schlüssel zum Erfolg ist die Fähigkeit zur Kooperation – miteinander auskommen und voneinander lernen."*

Das bestätigt Nathan Holton. Der Professor für biologische Anthropologie an der University of Iowa, hat seine ganze Forschungsarbeit evolutionären Veränderungen im Gesicht gewidmet. Er hat belegt, dass das Kinn besonders bei Männern deutlich geschrumpft ist. Auch die Eckzähne wurden kürzer, bei Mensch wie Hund. Holton erklärt den Zusammenhang zum Domestikationsprozess des Menschen: *„Warum sind die Gesichter geschrumpft? Eine Möglichkeit ist, dass hormonelle Veränderungen, die mit reduzierter Gewalt und verstärkter Kooperation einhergehen, den Nebeneffekt hatten, das menschliche Gesicht zu ‚domestizieren' und es somit zu verkleinern."* Die Veränderungen im menschlichen Gesicht sollen aber nicht lediglich als Beiwerk eines sozialer gewordenen Homo sapiens verstanden werden. Sie spielen in diesem Prozess zugleich eine aktive, verstärkende Rolle. Weniger aggressive Gesichter erleichtern die Kontaktaufnahme. Feinere Gesichter erlauben zudem eine feinere Mimik. Darauf weist Paul O'Higgins, Professor für Anatomie an der University of York, hin. Diese Verfeinerungen im Körperbau unterstützen wiederum die Verfeinerung der Sprache. Alles Prozesse, die in die Stärkung der sozialen Kompetenz unserer steinzeitlichen Vorfahren münden.

Der Hund macht uns sozialer

Eine feinere Gesichtsmimik, ein flacheres Gesicht mit kürzerer Schnauze, erhöhte soziale Toleranz, ein gesunkenes Stressniveau, geringere Aggressivität - all das sind typische Merkmale von Domestikation. Sie gelten nicht exklusiv für Menschen. Sie sind bei den verschiedenen Säugetierarten regelmäßige Merkmaler von Domestikation. Der Domestikationsprozess bei Mensch wie nicht-menschlichen Tieren hält bis heute an. Und es ist davon auszugehen, dass er noch in den kommenden Generationen aktiv sein wird. Welche Auswirkungen das in tausend Jahren zeigen wird, kann niemand voraussehen.

Wir müssen uns erst einmal daran gewöhnen, dass auch unsere eigene Spezies den gleichen Prozessen unterworfen ist wie die nicht-menschlichen Tiere, die wir offiziell als domestiziert ansehen. Wobei wir uns selbst natürlich immer als den einzig handelnden Part verstehen. Wir domestizieren das Tier. Es sind immer Wir, die domestizieren, die aktiv handeln. Dass die Wirkung auch in die umgekehrte Richtung gehen kann, habe ich hier gezeigt. Vieles spricht dafür, dass es seit dem Eintritt des Wolfes in unser Sozialleben ein Prozess der Koevolution, der Kodomestikation war. Wir domestizierten uns gegenseitig. Die Wirkung auf den Wolf ist allseits bekannt und sichtbar: Der Hund in all seinen Variationen. Er hat sich im Aussehen und ganz besonders auch in seiner Psyche wesentlich gewandelt. Es wäre höchst verwunderlich, wenn hier über die mehr als 30.000 Jahre engen Zusammenlebens und - arbeitens kein nennenswerter Einfluss auf die Entwicklung der menschlichen Psyche nachzuweisen wäre. Dies zu erforschen, ist allerdings kein naturwissenschaftliches Problem. Es ist vielmehr ein ideologisches, weltanschauliches. Denn es ist keineswegs selbstverständlich, überhaupt die Möglichkeit anzuerkennen, dass wir durch Tiere in unserer Evolution beeinflusst wurden. In unserer Selbstherrlichkeit wird zu einem Schloss im Denken. Alleine schon in diese Richtung zu forschen ist noch heute tabu. Mir ist kaum eine wissenschaftliche Publikation zu diesem Thema bekannt. Die Arbeiten von Daniela Pörtl, Antonio Benítez-Burraco und mir zählen zu den seltenen Ausnahmen.

Charles Darwin und Friedrich Engels

In diesem Buch haben wir uns nicht abhalten lassen, die Schranken dieses Denkens zu durchbrechen. Allerdings sind schon einige Köpfe zuvor auf ähnliche Gedanken gekommen. Nur ist es bei einzelnen Anmerkungen geblieben. Ich komme noch einmal auf Charles Darwin zurück. Dieser große Naturforscher geht immer wieder mit kurzen Hinweisen auf die wechselseitige Evolution von Mensch und Tier ein. Darwin sieht Domestikation als einen wechselseitigen Prozess von Mensch und Tier. Er hebt den Hund ausdrücklich hervor und charakterisiert das evolutionäre Verhältnis zu ihm - wie ich zu Beginn dieses Kapitels erwähnte, als so wörtlich *„co-adaptation"*.

Der rebellische Geist eines Friedrich Engels positionierte sich ebenfalls sehr früh. Er polemisiert 1867 gegen die Darstellung der Tiere als tumbe, gefühllose Wesen. Engels betont die aktive Rolle der domestizierten Tiere, vornedran von Hund und Pferd, für die Entwicklung zum modernen Mensch. In seinem Artikel *„Der Anteil der Arbeit an der Menschwerdung des Affen"* spricht er eine bemerkenswerte Seite dieser Wechselwirkung an: *„Im Naturzustand fühlt kein Tier es als einen Mangel, nicht sprechen oder menschliche Sprache nicht verstehn zu können. Ganz anders, wenn es durch Menschen gezähmt ist. Der Hund und das Pferd haben im Umgang mit Menschen ein so gutes Ohr für artikulierte Sprache erhalten, daß sie jede Sprache leicht soweit verstehn lernen, wie ihr Vorstellungskreis reicht."* Diese Weitsicht von Friedrich Engels ist heute zu einer wissenschaftlich tragfähigen Aussage geworden. In den letzten Jahren wurden einige Experimente durchgeführt, die diese Sicht untermauern. Dabei ist zu Hund und Pferd auch noch die Katze hinzugekommen.

Koevolution

Bryan Sykes fügt einen weiteren Aspekt hinzu. Der Humangenetiker erforschte die Spuren der menschlichen Evolution. Der Oxford-Professor war weltweit der erste, der DNA aus Fossilien isolierte. Nach seiner Emeritierung widmete er sich seinen vierbeinigen Freunden. Heraus kam ein Buch zur Entstehung des Hundes. Nicht zuletzt aus der Weisheit eines langen Wirkens als Genetiker auf Spitzenniveau charakterisiert er diesen Prozess unzweideutig als Koevolution von Mensch und Hund. Sykes gelangt zu der Überzeugung, dass Wolf und Hund wesentliche, ja entscheidende Impulse für die Evolution des Menschen setzten: *„Viele Theorien versuchen zu erklären, wie aus dem mittelgroßen Primaten der Herrscher der Welt werden konnte. Die Fähigkeit Feuer zu machen, die Entwicklung der Sprache, die Erfindung des Ackerbaus sind drei hervorragende Merkmale. Ich möchte ein viertes hinzufügen: Die Verwandlung des Wolfs zum allseitigen Helfer und Begleiter, dem Hund. Wir verdanken dem Hund unser Überleben. Und er uns seines."*

Der schon angeführte Professor James A. Serpell gilt als der Spiritus Rector der weltweiten Forschung zur Mensch-Hund-Beziehung. In der Vorbereitung dieses Buchs schrieb er mir: *„Doch die Beziehung zwischen Menschen und Hunden ist die einzige bei der der Nutzen (für den Menschen) in erster Linie sozial statt materiell ist. Klar, im Laufe der Zeit haben Hunde auch eine Menge praktischer Funktionen übernommen, aber ich denke, dass sich all dies erst infolge der primären Rolle des Hundes als Quelle sozialer Unterstützung entwickelte."*

Neben Pferden und Katzen spielt der Hund in diesem Buch eine Sonderrolle. Er steht zusammen mit dem Menschen immer wieder im Mittelpunkt der Betrachtung. Das ist schlicht der besonderen Bedeutung des Hundes für die Menschheit geschuldet. Die andere Ursache:

Es mangelt schlicht an Untersuchungen zum Verhältnis der anderen nicht-menschlichen Tiere. Die aktuelle Forschung zielt fast ausschließlich dahin, wie Ziegen, Schweine, Pferde, Kühe als so genannte Nutztiere effektiver gehalten werden können. Wir interessieren uns nicht wirklich für die Tiere. Wir interessieren uns für den Profit, den wir aus nicht-menschlichen Tieren ziehen können.

Es spricht vieles dafür, dass etliche weitere Spezies einen aktiven Anteil zu unserer Domestikation beisteuerten. Dort wo wir genauer auf ihr Verhalten schauen, zeigen sich regelmäßig erstaunliche, ja faszinierende Fähigkeiten. Pferde können die Stimmung eines Menschen ganz hervorragend einschätzen. Manche scheinen dem Hund kaum nachzustehen. Das zeigen Studien der Professorin Karen Mccomb aus Sussex. Den Pferden reicht ein auf den Kopf gestelltes Schwarz-weiß Foto, um eine positive von einer negativen Stimmung beim Menschen unterscheiden zu können. Forscher um Christian Nawroth vom Institut für Nutztierbiologie in Dummerstorf bei Rostock haben 2020 nachweisen können, dass Pferde ihre Menschen gezielt anschauen, um deren Wünsche ablesen zu können. Dazu untersuchten sie 26 Warmblüter, 19 Kaltblüter und 7 Ponys.

Selbst Ziegen verhalten sich ähnlich. Sie können Hinweise eines Menschen mit der Hand oder per Blickrichtung fast so gut interpretieren wie Hunde. Dazu fragte ich Christian Nawroth, der in Dummerstorf auch die Forschungen zur Ziege leitet. *„Ganz einfach zu erklären"*, meinte er: *„Ziegen, sowie viele andere Nutztierarten, lebten ja bis vor 150 Jahren noch in den Haushalten der Menschen. Erst durch die industrielle Massentierhaltung des 20. Jahrhunderts verschwanden sie zusehends aus den Augen der Konsumenten. In diesem Licht ist also eine Anpassung an die menschliche Umwelt, inklusive der Deutung verschiedener Signale des Menschen, auch für Nutztiere von Bedeutung. Hierbei ist jedoch zu beachten, dass es sicher qualitative*

Unterschiede in dieser Anpassung zwischen Hunden und Nutztieren gibt - erstere wurden nämlich speziell auf Kooperation gezüchtet".

16 Die Vertreibung aus dem Paradies

Durch Ignoranz und Arroganz gegenüber der Natur schneiden wir uns auf Dauer alle Lebensadern ab. Wir müssen die Natur nicht retten. Sie kommt ohne uns bestens zurecht. Wir können lediglich uns selbst retten.

In der Spezies Mensch steckt eine tief verankerte Sehnsucht nach Harmonie mit der Natur. Sie lebt selbst heute fort, wo ein Großteil der Menschen von der Natur völlig entfremdet ist und die heutige Menschheit binnen eines Jahres mehr Raubbau an der Natur betreibt als 10.000 Generationen zuvor.

Unsere Beziehung zur Natur und speziell zu den nicht-menschlichen Tieren ist zwiespältig. Die alten Jäger und Sammler sahen in den verschiedenen Tieren Verkörperungen der Götter. Gejagt wurden sie trotzdem. Es war der Notwendigkeit des Überlebens geschuldet. Der Kampf ums Überleben ist in der Natur keine Schlacht mit Watte-bällchen. Allerdings: Jedes Tier hatte seine Chance - fundamental anders als in der heutigen *„Fleischproduktion"*. Und selbst als Beute wurde es mit Respekt behandelt. Man ehrte die Seele des Tieres und alles wurde verwertet. Wegschmeißen, neudeutsch *„entsorgen"* gab es nicht. Dieser Respekt ist uns heute verloren gegangen. Es sind nur wenige Tiere, die wir streicheln. Die allermeisten mästen und schlachten wir. Selbst bei den kleinsten, Kälbchen, Lamm oder Spanferkel kennen wir keine Gnade. Es sind Abermillionen Tiere, die in der industriellen Massentierhaltung kümmerlich dahinvegetieren müssen. Wir schätzen sie in der Kühltheke, fein sauber in Klarsichtfolie verpackt. Anders kriegen wir sie nicht mehr zu Gesicht

In der Praxis machen sie die meisten vor, es gäbe Fleisch ohne sterben, ohne Tod. Sie müssen nicht einmal wegschauen. Denn sie haben nie hingeschaut. Sie hatten kaum einmal die Gelegenheit dazu. Noch vor ein oder zwei Generationen wusste jedes Kind, dass ein Schwein oder ein Kaninchen hatte sterben müssen, wenn der Braten auf dem Tisch stand. In meiner Kindheit waren wir ständig hungrig. Wir haben zwar nie Hunger gelitten, doch richtig satt waren wir selten. Eigentlich nie - so meine Erinnerung. Fleisch oder Wurst gab es eh nur zweimal die Woche. Da war samstags der Bohneneintopf mit Suppenfleisch und am Sonntag ein Stück vom Braten. Wenn sechs Personen am Tisch saßen, gestaltete sich dieses Stück vom Braten recht überschaubar. Heute würde es als etwas groß geratenes Stück vom Gulasch durchgehen. Nicht mal die Fleischmenge eines Hamburgers aus der System-gastronomie. Und solche Fleischmengen waren die Regel, nicht die Ausnahme. Unter dem Siegel des Tierschutzes hat sich unser Fleisch-verbrauch - sprich Tod der Tiere nach Vegetieren in industriellen Mastbetrieben - vervielfacht.

Fleisch ist heute ein Produkt wie Marmelade oder Blumenerde. Es hat sich des Begriffs „*Leben*" vollkommen entledigt. Doch jedes Leben, das heute im Sekundentakt in den Schlachthöfen der Kulturvölker ausgelöscht wird, war ein genauso individuelles wie unser eigenes. Wir leben nur einmal. Und jedes einzelne dieser Tiere, die wir als Pitty beim Hamburger oder als Putenstreifen im Caesars Salad genießen, war ein ebenso bewusstes Leben wie das des Konsumenten dieser Produkte. Wir wissen heute sehr genau wie intensiv Hühner, Puten, Schweine, Rinder fühlen und eben leiden können. Ich habe hier schon viele Belege angeführt. Noch vor wenigen Generationen wussten das die Menschen sowieso. Allerdings stellte ihnen die herrschende Ideologie durch eine der monotheistischen Religionen einen moralischen Freibrief für jede Grausamkeit gegenüber Tieren aus. Und die wirtschaftlichen Interessen gaben den notwendigen Zündstoff.

Es ist ein paar wenige Jahrzehnte her, da genoss Fleisch eine sehr viel höhere Wertschätzung als heute. Nicht nur weil es selten auf dem Tisch stand. Eben auch, weil man im Kopf hatte, was damit verbunden ist. Als Junge saß ich dann in der kurzen Lederhose mit den anderen Kindern zusammen auf einer Mauer. Schlachttag. Wir schauten zu, sehr wohl ahnend, was kommt. Ein spannendes, etwas gruseliges Ereignis. Solche Grenzerfahrungen zwischen Leben und Tod scheinen eine besondere Ausstrahlung auf uns Menschen auszuüben.

Es geschah auf dem Hof eines entfernt verwandten Kleinbauern. Das Schwein wurde an einem Strick hereingeführt. Etwas nervös aber arglos lief es hinterher. Dann stellte sich einer der Metzger mit dem Bolzenschussapparat davor. Bestimmt und schnell: Ein dumpfes Geräusch, der Schuss, und das Schwein fiel um. Tod. Wenn alles gut ging. Einmal nicht. Da stürmte das Schwein quietschend los und lief noch ein paar Runden um den Hof, um dann letztlich doch tot umzufallen. Das hat uns Kinder mächtig beeindruckt. Etwas Angst hatten wir schon. Und wir ahnten, dass sich hier etwas Fundamentales abgespielt hatte, eben ein Leben, ein immer einmaliges, das unfreiwillig, arglos und am Schluss wahrscheinlich sogar grausam vom Leben zum Tod befördert worden war. Unsere kindliche Seele wurde später beruhigt: Beim Schlachtfest am Nachmittag haben alle mächtig reingehauen. Aus dem Schwein waren inzwischen Rotwürste, Fleischklöße und reichlich Wurstsuppe entstanden. Das hat mir damals geschmeckt. Endlich mal soviel essen, wie reinpasst, eine solche Gelegenheit musste ausgeschöpft werden. Doch das gerade um sein Leben gebrachte Schwein war in Gedanken immer mit dabei; damals in der Lederhose beim Schlachtfest. Es beeindruckte, wie schnell sich ein quicklebendiges Lebewesen in ein Stück Wellfleisch auf meinem Teller verwandeln konnte. Immer wieder kam es mir in den Sinn, dieser Verrat des Menschen, der sein Lamm hegt und groß zieht einzig um es möglichst bald, noch als Kind oder Jugendlicher um sein Leben zu bringen.

Warum quälen wir, was wir lieben?

Selbst bei Hund und Katze endet unsere Tierliebe schneller, als wir gerne eingestehen wollen. In Deutschland werden jedes Jahr zwischen drei- und viertausend Hunde bei offiziell zugelassenen Tierversuchen getötet. Diese Zahlen verwaltet das Bundesministerium für Ernährung und Landwirtschaft unter der Rubrik „*Tierschutz*". Nicht nur dort geht es brutal zu. Wir lieben das Besondere, selbst wenn unsere Lieblinge dafür leiden müssen. Perserkatzen ohne Nase, die nicht mehr frei atmen können. Nacktkatzen ganz ohne oder Rex-Katzen mit gekräuseltem Fell. Sie können allesamt nicht mehr richtig hören und tasten. Denn ihre Haare funktionieren sind brüchig geworden. Wir haben diesen Gendefekt kultiviert. Auch im Ohr und an der Schnauze brechen die Haare ab oder fehlen ganz. Das führt zu Taubheit und Orientierungsproblemen. Vom Menschen so gewollt. Es passiert alleine zuchtbedingt, dem wunschgemäß besonderen Fell geschuldet. Und ich habe jetzt nur von den Rassekatzen gesprochen.

Solche Qualzuchten wurden erst in den letzten Jahrzehnten kreiert. Just in der Zeit wo Tierschutz in Mode kommt. Qualzuchten haben ihren Markt. Sie finden ihre tierliebenden Halterinnen und Halter. Ja sie boomen sogar. Die Hitlisten der beliebtesten Hunderassen machen es deutlich. Die Französische Bulldogge stürzte in Großbritannien den langjährigen Platzhirsch Labrador Retriever vom Thron. Dabei weiß jeder um die gesundheitlichen Probleme von Mops, Bully und Bulldog. In Zeiten des Internets, wo man googlen kann, wird auf jeder zweiten Seite auf die gesundheitlichen Probleme der Plattnasen hingewiesen. Da kann man nicht mehr einen auf „*die drei Affen*" machen. Zumal wenn dann noch die meisten Welpen im Hundehandel und bei Vermehrern gekauft werden. So naiv kann man nicht sein. So naiv darf man nicht sein.

Solche Hundekonsumenten sind keineswegs naiv. Sie sind bequem und geizig. Sie verschließen ganz bewusst ihre Augen. Das legen Studien von Peter Sandøe in Dänemark und Rowena Packer in Großbritannien nahe. Tierärztin Packer dokumentiert mit ihren Zahlen, dass exakt die meist jungen Käufer von Plattnasen die bequemsten sind. Sie ordern überdurchschnittlich oft ihre Welpen per Mouse-Click, interessieren sich nicht für die Eltern, erfragen nicht einmal basale Gesundheitsdaten. Die Halter von Mops, Bully, Bulldog leben in einer eigenen Welt, was die Gesundheit ihrer Lieblinge angeht. Die wird durchweg für gut erklärt, selbst wenn die Hunde schon mit zwei Jahren wöchentlich zum Tierarzt müssen. Die Autoren der Studie im Auftrag des britischen Tierärzteverbandes fordern Konsequenzen, wenn nötig sogar gesetzliche: *„Es bedarf gezielterer pädagogischer Maßnahmen, um die Einstellung der Käufer zu ändern, und wenn dies ineffektiv sind, können andere direktere Mechanismen (z.B. Rechtsvorschriften) erforderlich sein, um das Wohlbefinden der Hunde zu schützen."*

Ich befürchte, dass es ohne gesetzliche Rahmenbedingungen einfach nicht gehen wird. In Kapitel 12 hatte ich von meinem Engagement für eine Wende in der Hundezucht berichtet. Die schlimmste Erfahrung dabei war, dass die Halterinnen und Halter der am meisten leidenden Rassen am wenigsten Einsicht zeigten. Nicht wenige gingen mit offenen Hass auf mich los, Shitstrom auf Facebook. Als hätte ich sie persönlich beleidigt nur weil ich auf die angezüchteten Handikaps ihrer Schützlinge hingewiesen und Änderungen vorgeschlagen hatte. Verleumdungen und Bedrohungen zählten über Jahre zu meiner und meiner Familie täglichen Erfahrung. Aktiv waren Züchter, oder besser gesagt Vermehrer, Gauner, die um ihr profitables Geschäft auf Kosten der Tiere fürchteten. Sie spannten für ihre Interessen zwielichtige Schergen ein. Aber es waren auch nicht wenige seriöse Halter beteiligt, die sich eigentlich hätten zerreißen müssen, um ihren Lieblingen weiteres Leiden zu ersparen.

Diese Erfahrung machte mich zeitweise regelrecht depressiv. Aber ich wollte nicht aufgeben. Gerade angesichts meines geliebten Bulldogs Willi, meines besten Freundes, dieser Charaktergröße, ja und eben auch dieses armen Kerls, der Zeit seines Lebens an zuchtbedingten Krankheiten leiden musste, konnte ich nicht aufgeben. Willi kam aus prämierter FCI-Zucht. Die Züchterin, eine Tierärztin, hatte viel Geld verlangt und von mir ohne Handel bekommen. Ich hatte damals alles gelesen, was es über Bulldogs zu lesen gab, das meiste aus dessen Heimatland, in Englisch. Aus heutiger Sicht waren die Bücher und Broschüren durchweg reine Verkaufsprospekte. In den Hochglanz-Rasseporträts wurden sämtliche Probleme vertuscht oder verniedlicht. Es wurde schamlos voneinander abgeschrieben und gelogen. Eigene Recherchen Fehlanzeige. Das ist noch heute bei den allermeisten Rasseporträts im Buchhandel der Fall, nicht nur beim Bulldog. Damals war ich vollkommen naiv. Ich hätte mir diese Niedertracht im Umgang mit diesen so menschenlieben, so arglosen Freunden niemals vorstellen können. Das, obwohl ich als Psychologe und über gut 15 Jahre Geschäftsführer mittelständiger Unternehmen durchaus mit menschlicher Niedertracht vertraut war. Internet gab es noch nicht, jedenfalls noch keine Seiten über Hunde oder gar Bulldoggen. Meine Seite www.bulldogge.de sollte 1995 die erste deutschsprachige im Netz werden.

Zuerst dachte ich, da hast du Pech gehabt. Doch je öfter ich andere Bulldogs kennen lernte, desto gesünder wurde mein Willi. Leider nur relativ angesichts des größeren Elends der anderen Rassevertreter. Daher wollte und konnte ich nicht aufgeben. Wie hätte ich dann Willi und meinen anderen Hunden und Katzen in ihre treuen Augen schauen können? Also musste ich mir was überlegen. Angesichts der Erfahrungen mit der Bulldog-Szene bohrte die Frage in mir immer tiefer: Warum quälen wir, was wir lieben? Die gefundene Herausforderung für einen Psychologen. Doch bisher hat sich meiner

Kenntnis nach niemand damit befasst. Da passte es, dass mich die Chefredakteurin von „*TIERethik - Zeitschrift zur Mensch-Tier-Beziehung*", Dr. Petra Mayr, um einen Artikel genau zu diesem Thema bat.

Ich schrieb: „*Qualzucht wird einzig von uns Menschen gemacht. Gerade die Tiere, die uns emotional am nächsten stehen, leiden am meisten. Statt sie zu schützen, lassen wir es geschehen, dass bei ihrer Zucht jene Merkmale gefördert werden, die ihnen Schmerzen und Leiden bereiten. Wir finanzieren das Qualzuchtgeschehen sogar. Wider allen Geredes von Tierschutz: Nie war Qualzucht so präsent wie heute. Dieser Widerspruch führt zum grundlegenden Problem der Entfremdung von der Natur und den nicht-menschlichen Tieren. Wir stehen in dem Zwiespalt von echter emotionaler Bindung besonders an unsere Hunde einerseits und andererseits einer Sicht auf Tiere ganz allgemein und selbst auf unsere Pets als Ware, Konsumartikel, erweitertes Ego. Eine Wurzel dieser Doppelmoral sehen wir in der Viehhaltung, die den Vertrauensbruch am Tier zur Grundlage hat. Echte Partnerschaft zwischen Mensch und Hund befreit nicht nur die Vierbeiner von der Last der Qualzucht; sie ist für uns Menschen selbst ein Schritt zur Einheit mit der Natur und zum Frieden mit uns selbst.*"

Menschen wollen etwas Besonderes darstellen. Das ist ganz normal. Doch hierzu bedarf es keiner Qualzucht. Es gibt den russischen Barsoi oder den irischen Wolfhound - sehr repräsentative und hoch spannende Hunde. Es gibt für jeden Geschmack etwas. Es gibt die deutsche Dogge, den Mops, den Bully oder Bulldog sogar in gesund. Das waren früher im Übrigen alle Rassehunde. Das Verlangen nach dem Extremen, dem noch Extremeren grassiert erst seit ein paar Dekaden. Und warum eigentlich diese hasserfüllte Abwehr gegen das Ziel, solche Fehlentwicklungen in der Zuchten zu unterbinden, schlicht, um das Leiden der Hunde und Katzen zu verhindern? Zugleich - und das will ich den Leuten gar nicht absprechen - lieben sie ihren nach Luft hechelnden Mops oder ihre Deutsche Dogge in Merle, die gerade einmal fünf Jahre Lebenserwartung hat. Ja sie leiden mit ihnen. Sie bezahlen anstandslos die oft teuren OPs, um ihrer Plattnase bei Professor Oechtering in Leipzig das freie Atmen möglich zu machen.

Ein Blick in die Schizophrenie unserer Denkweise

Es klingt nach einer gespaltenen Persönlichkeit, fast nach Schizophrenie. Und ist es nicht wirklich schizophren, wenn wir von Tierliebe reden - und auch hier will ich die ehrlichen Gefühle nicht anzweifeln - aber zulassen, dass Küken millionenfach geschreddert werden, dass man den so feinfühligen Kühen ihre Kälber nach der Geburt wegnimmt? Tiere gelten in unserem Rechtssystem nach wie vor als Sache - eben „*Vieh*" oder „*Nutzvieh*". Die Nashörner Asiens und Afrikas werden vor unseren Augen systematisch ausgerottet während wir TV-Dokus über die Tierwelt konsumieren. All das ist seit Jahren bekannt und trotzdem wird es von Jahr zu Jahr noch schlimmer. Verlautbarungen und Realität eilen in entgegen gesetzten Richtungen davon. Die Gegenmaßnahmen haben oft lediglich Symbolcharakter. Berichte über Missstände scheinen lediglich unser schlechtes Gewissen beruhigen zu sollen.

Es muss an dieser Stelle ein tief sitzender Konflikt wirken, der sich in all seiner Widersprüchlichkeit so hartnäckig hält und so krass, so schizophren an die Oberfläche kommt. Er muss in unserer Psyche tief verankert sein. Ansonsten würden wir viel konsequenter an dessen Lösung arbeiten. Schließlich tut es weh, an das Leiden der Tiere zu denken, ja es unmittelbar mitzuerleben und zugleich nichts für die Beseitigung der Ursachen zu tun. Und das letztlich noch den Kindern erklären müssen. Nicht nur das. Es wirkt eine massive Abwehr, die Realität überhaupt zur Kenntnis zu nehmen. Man will sie verstecken, obwohl der eigene, geliebte Mops ständig zum Tierarzt muss. Der

Fleischtransporter fährt vom Schlachthof zum Discounter maskiert mit fröhlich dreinblickenden Schweinen und Kühen auf der Außenwand samt grüner Wiese und Blümchen. Wir wollen nicht sehen, welches Leid wir anrichten. Wir schauen aktiv weg. Selbst die Wissenschaft ignoriert dieses Thema. Unsere ganze Gesellschaft, ja unsere Kultur versagt hier.

Es ist eine Gesellschaft und Kultur, die Menschen und nichtmenschliche Tiere in zwei Qualitäten teilt. Die Fühlenden und die Gefühlslosen, die Beseelten und die Seelenlosen. Diese Teilung ist weder natur- noch gottgegeben. Sie ward nicht ewig. Sie entstand einmal. Sie wurde von Menschen ersonnen, für die ein Selbstverständnis als Einheit mit der Natur nicht mehr zweckmäßig war. Vor 3.000 Jahren begann Echnaton in Ägypten, einen neuen Typus Religion zu installieren. Hier wurde nun ein einziger Gott gepredigt, ein Allmächtiger, der nebenbei den Menschen zum natürlichen Herrscher über die Erde legitimieren soll. Dieser Gott stellt den Menschen über das Tier. Er autorisiert sein Ebenbild zu all seinen Freveln an der Natur.

Der Schriftsteller Milan Kundera fasste das in Worte, wie es nur ein großer Goldschmied der Worte kann: „*Am Anfang der Genesis steht geschrieben, dass Gott den Menschen geschaffen hat, damit er über Gefieder, Fische und Getier herrsche. Die Genesis ist allerdings von Menschen geschrieben, und nicht von einem Pferd. Es gibt keine Gewissheit, dass Gott dem Menschen die Herrschaft über die anderen Lebewesen tatsächlich anvertraut hat. Viel wahrscheinlicher ist, dass der Mensch sich Gott ausgedacht hat, um die Herrschaft, die er an sich gerissen hat über Kuh und Pferd, heilig zu sprechen.*"

Der erste Sündenfall der Menschheit

Diese Zäsur ist die logische Folge der Viehhaltung, wie wir sie vor etwa zehntausend Jahren begannen. Viehhaltung schafft ein grundlegend neues Verhältnis des Menschen zu den nicht-menschlichen Tieren. Als Jäger hatte er im Wettstreit mit den Tieren gestanden. Tiere wurden gejagt, wenn Nahrung gebraucht wurde. Es war ein Wettstreit ums Überleben. Das spiegelte sich im Denken und in den Mythen dieser alten Kulturen wider. Selbst und gerade die Tierarten, die als Beute gejagt wurden, waren respektiert und geachtet. Die uralten Wandmalereien in den Höhlen von Chauvet und Lascaux sind durchdrungen von der tiefen Verbundenheit und Wertschätzung des Steinzeitjägers mit seinen Beutetieren. In Riten wurde Abbitte geleistet für das individuelle Tier, das man um sein Leben gebracht hatte - um das eigene Überleben zu sichern.

Schließlich entstand in einem geschichtlich gesehen sehr kurzen Zeitraum „Vieh". Schon der Begriff Vieh ist nicht einfach ein anderes Wort für „Tier". Er steht für ein bestimmtes Verhältnis des Menschen zu diesen Lebewesen. Der Begriff drückt ein Abhängigkeits- ein Unterwerfungsverhältnis, Missachtung aus. Vieh hat keine Rechte. Vieh hat keine Seele. Vieh hat keine Gefühle. Vieh ist Ware. Vieh ist zum Ausnutzen existent - und alleine hierzu. Vieh gegenüber hat man keinen Respekt. Vor 10.000 Jahren war Viehhaltung eine Innovation und zwar unter zwei Aspekten: Die Art der Haltung von Tieren, um sie zu schlachten, und die damit verbundene Einstellung zu diesen Tieren. Es war eine neue, bis dato noch nicht gekannte Einstellung zu einem Mitlebewesen. Ich habe keinerlei Indizien aus der Archäologie oder anderen Disziplinen gefunden, die auf eine solch abwertende Einstellung anderen Lebewesen gegenüber in den Zeiten davor hindeuten. Das Gegenteil war der Fall.

Die Folgen dieser Zäsur sind allerdings fundamental. Sie definieren ein neues Verhältnis zur Natur. Sie sprengen die Einheit mit der Natur. Ja, sie katapultieren den Menschen aus dem Schoß der Geborgenheit in der Natur. Der Mensch entfremdet sich, steht plötzlich im Gegensatz zur Natur. Ein Novum der Evolution wie ein echtes Alleinstellungsmerkmal der Spezies Homo sapiens. Viehhaltung hat die menschliche Psyche nachhaltig manipuliert. Heimtücke und Heuchelei wurden zu festen Elementen des menschlichen Wesens. Das mussten sie auch werden. Vieh wird behütet, um ihm das wichtigste nehmen, sein Leben. Der Mensch erschleicht das Vertrauen des Tieres, macht es arglos, gefügig, mit dem einzigen Ziel, ihm ans Leder zu gehen. Und das nicht selten bereits zur Kinder- oder Jugendzeit. Das gilt erst recht heute, wo sich Europäer und Nordamerikaner vom Tierschutz durchseelt dünken. Wir essen um ein Vielfaches mehr Fleisch als alle Generationen zuvor. Fleisch vom Vieh. Wir speisen vom Spanferkel, Kalb, Zicklein oder Milchlamm und finden es putzig, wenn die Kleinen so staksig auf der Blumenwiese hoppeln. Unsere Kinder lassen wir in den Streichelzoo. Sie streicheln die Ziegen und Schafe. Abends gehen wir ins Restaurant und essen Lammkarree oder nur einen Döner um die Ecke. Der Hirte muss derweil das Lamm aufpäppeln, behüten, oft sogar die Flasche geben. Er muss Sorge um sein Wohl tragen, einzig, um es beizeiten zu schlachten; meist noch zur Jugendzeit. Wenn heute Schäfer über den Wolf klagen, der ihnen die Lämmer weghole, so ist das schlicht ein Wettstreit um die Beute.

In der Viehhaltung nutzt der Mensch die dem Tier inzwischen über Generationen in die Gene gepflanzte Arglosigkeit - zentrales Produkt der Domestikation. Heimtücke ist der Kern, das Wesen des Verhältnisses Mensch - Tier, just ab dem Moment, wenn von „Vieh" gesprochen wird. Diese Veränderung infizierte unser ganzes Denken und bestimmt heute das Verhältnis der so genannten zivilisierten Völker zur Natur von Grund auf. Aus der Einheit mit der Natur wurde ein Herrschaftsverhältnis über, ja gegen die Natur. Die Natur selber wurde zur Ware. Die Natur wird ausgebeutet, einzig der Profit zählt.

Die Bedeutung dieser Entwicklung für unsere Psyche wird nach meiner Auffassung massiv unterschätzt. In meinem Studium der Psychologe und Biologie war diese Zäsur nicht einmal ansatzweise Thema. Und soweit ich weiß hat sich daran bis heute nichts geändert. Das Thema ist für die Psychologie nur in Randbereichen existent, etwa in dem von Hilarion Petzold begründeten Konzept der biopsychosozialen Gesundheit. Die mit dieser Zäsur zwangsläufig einhergehende Entfremdung von der Natur trifft allerdings die Natur des Menschen selber. Zum einen dieser Zwiespalt im Umgang mit den uns anvertrauten Lebewesen. Zum anderen betrifft es die immer krasser fortschreitende Herauslösung aus der Natur. Wir haben immer mehr natürliche Teile des menschlichen Lebens ausgelagert. Gestorben wird im Altenheim. Welche Familie nimmt heute noch Abschied angesichts der Leiche? Früher waren die Toten mindestens einen Tag lang zuhause aufgebahrt. Alle, auch Kinder, nahmen Abschied. Dasselbe beim Start ins Leben. Hausgeburten sind out. Die Jobs der Hebammen ausgedünnt. Kaiserschnitte ohne medizinische Indikation boomen. Babys werden oft nicht einmal an die Brust der Mutter gelassen. Die Chemieprodukte der Pharmaindustrie werden gefüttert. Und das sind nur zwei Beispiele.

Man könnte Viehhaltung auch als Deal sehen. Nun war es der Hirte, der Schafe und Ziegen vor Luchs und Wolf beschützte. Nun war es der Hirte, der sich um Nahrung und Wasser kümmern musste. Der Deal lautet für die zu Vieh degradierten Tiere: Schutz und gesicherte Nahrung zum Preis der vollkommenen Fremdbestimmung. Eine begrenzte Zeit relativer Unbekümmertheit auf der Wiese - früher zumindest - für ein nicht selbstbestimmtes, viel zu kurzes Leben. Doch: Die Tiere wurden nie gefragt. Es war ein in jeder Hinsicht einseitiger Deal.

Von diesem Deal erzählt das Märchen vom Wolf und Hofhund. Der hungrige Wolf traf einen alten Hund, der an der Kette vor seiner Hütte lag. *„Hast wohl Hunger, Meister Isegrim"* sprach der Hund. *„Ja, du hast Recht. Kannst mir was abgeben. Dein Napf ist voll mit schönen Leckereien."* *„Weil du so hungrig bist, Friss!"* Hastig schlang der Wolf den Napf leer. *„Du hast es gut. Du bekommst gleich wieder einen vollen Napf, wenn du den ersten leer gefressen hast."* *„Ja, ich hab hier ein schönes Leben, brauch keinen Hunger zu fürchten."* Da fragt der Wolf frisch gesättigt und gestärkt, *„komm, lass uns einen Ausflug in den Wald machen!"* *„Geht nicht"* raunt der alte Hund und deutet auf seine Kette: *„Ich kann hier nicht weg, muss hier bleiben."* *„Da leide ich lieber Hunger, als meine Freiheit zu verlieren"*, entgegnet Isegrim und verschwindet im Wald.

Kaninchen Susi auf dem Mittagstisch

Bis vor wenigen Generationen lebte das Vieh unter einem Dach mit den Menschen. In vielen Regionen, etwa im süddeutschen Raum, sind die alten Bauernhöfe noch heute so gebaut, dass die Ställe buchstäblich unter demselben Dach liegen wie die Wohnbereiche der Menschen. Steinzeitliche Bauernhäuser waren ähnlich aufgeteilt. Das hat uns geprägt. In der archaischen, evolutionären Programmierung der menschlichen Psyche zählen diese nicht-menschlichen Tiere im tiefsten Inneren immer noch zur Familie, zur Kleingruppe, als Teil von uns, unserer Sozialität.

Kinder lassen sich am wenigsten von mentalen Erklärungsversuchen berirren. Sie haben ein instinktives Gefühl für Gerechtigkeit. So kam es früher zumindest immer wieder zu traumatischen Erlebnissen, die ein Leben lang im Bewusstsein bleiben können. So Bine und Kaninchen Susi. Die Großeltern hatten einen Kaninchenstall. Kaninchen Susi hatte plüschiges Fell, war weiß und besonders zahm. Enkelin

Bine durfte Susi bei ihren Besuchen aus dem kleinen Verschlag nehmen, in ihren Armen herumtragen und streicheln. Susi mochte das. Es war für beide schön. An einem Feiertag war Bine wieder einmal bei den Großeltern. Diesmal mit ihren Eltern. Sie feierten das Osterfest. Ein schöner Braten schmückte den festlich gedeckten Tisch. Da rutschte der Oma beim Aufschneiden die Bemerkung mit einem leichten Seufzer heraus *„das war unsere Susi"*. Das Enkelchen wurde bleich und bekam nicht einen Bissen herunter weder von den Klößen noch von Susi.

Man sollte versuchen, dem Kinde ehrlich zu erklären, warum Susi geschlachtet wurde - ohne Hunger, ohne Not. Der Instinkt des Kindes spürt diesen Verrat am Tier. Es könnte den inneren Konflikt vielleicht lösen, wäre Schmalhans seit Monaten Küchenmeister gewesen, der Hunger ein ständiger Gast. Über lange Jahre hinweg bis zurück zu Zeiten als die Jagd noch grundlegende Basis der Ernährung war, blieb keine Alternative. Aber jetzt Susi, die die Familie von Geburt an groß gezogen, die man gestreichelt hatte, die so zutraulich war? Einfach so geschlachtet, mehr oder weniger achtlos einer leckeren Mahlzeit willen.

Selbst gestandene Bauern alten Typs geben ihren Tieren keine Namen. Haben sie erst einmal einen, wird die eigentliche Mission noch schmerzvoller. Durch einen Namen wird jede Bindung persönlicher. Auch die zu einer Kuh. Dann zählen die Tiere fast schon zur Familie. Milchbauer Leo kannte das. Er führte den elterlichen Hof schon sehr jung. Mit mancher seiner 36 Kühe war er aufgewachsen. Er hielt jede Kühe solange es eben ging, selbst wenn sie im hohen Alter keine Milch mehr gaben. Gegen den Rat der Eltern und zum Gelächter manch seiner Kumpels beim Frühschoppen in der Dorfkneipe; am Sonntag nach der heiligen Messe. Aber irgendwann musste er zum Telefon greifen und den Abdecker rufen. Schließlich musste der Hof wirtschaftlich bleiben. Am Abend danach riefen die Kühe im Stall laut nach der angesehenen, alten Kuh. Sie fehlte ihnen. Es war ein anderes Rufen als sonst, wenn sie gemolken werden wollten. Leo saß derweil in seiner Kammer und trauerte still in sich hinein.

17 Zerrissen zwischen Konkurrenz und Kooperation

Wir Menschen haben zwei Seelen in unserer Brust. Welche dieser Seelen wird sich durchsetzen? Eine Überlebensfrage. Ich werde zeigen, wie uns Tiere dabei helfen, unsere kooperative Seite zu stärken.

Die neuen Instanzen „*Besitz*" und „*Vieh*" stellten die Psyche unserer Vorfahren vor ganz neue Herausforderungen. Für uns sind beide Instanzen scheinbar Selbstverständlichkeiten geworden. Doch in den Gemeinschaften der Jäger und Sammler gab es weder privaten Besitz noch Vieh. Nahrung, Unterkunft, Sicherheit, Gegenwart und Zukunft wurden innerhalb des Clans geteilt. Die natürlichen Ressourcen nutzte der Clan, der sie gerade nutzte. Nun teilte sich die Menschheit binnen kurzer Zeit in Besitzende und Besitzlose. Einzelne Familien eigneten sich Privilegien zur Nutzung der natürlichen Ressourcen an. Der Mensch erhob sich über die Natur und schob eine Grenze zwischen sich und den nicht-menschlichen Tieren. Besitz wie das neue hierarchische Verhältnis gegenüber den Tieren, jetzt „*Vieh*" genannt, erfasste auch die Menschen untereinander. Schließlich wurden Menschen als Sklaven genauso zur Ware degradiert und entseelt, wie es zuvor schon mit dem Vieh geschehen war.

Aus der Geborgenheit im Clan der Jäger und Sammler war der Mensch in einen gnadenlosen, individuellen Konkurrenzkampf entlassen worden. Die Kleinfamilie musste mit ihren Nachbarn um Ressourcen wetteifern, sich gegen die Ansprüche ihrer neuen Fürsten behaupten. Ist Besitz erst einmal da, ist er umkämpft. Um die Ungleichheit an

Besitz moralisch zu rechtfertigen, wurden die passenden Geschichten ersonnen. Hier dienten Religionen, die die neue Gesellschaftsordnung legitimieren sollten. Hierarchien und Herrscher wurden als gottgewollt verklärt. Aus von Animismus geprägten Weltanschauungen, die Menschen wie nicht-menschliche Tiere egalitär mit einer Seele ausgestattet sehen, wurden strafende Götter, die über den Menschen stehen. Herrscher wurden als weltliche Vertreter dieser Götter auf den Thron gehoben

Erfolgsrezept der Neuzeit: Abducken

Das war über hunderttausende Jahre Menschheitsentwicklung anders gewesen. Bis zu diesen Auswirkungen der Neolithischen Revolution mit Ackerbau, Viehzucht und Besitz, während der ewig langen Epoche der Jäger und Sammler, waren die grundlegenden Interessen der Gemeinschaft identisch mit denen des Einzelnen. Nun gerieten die Gesetze der Sozialität in Widerspruch zu den Interessen des Individuums. Das schuf elementare Konflikte für die Psyche. Hunderttausende Jahre war die menschliche Psyche auf die Kooperation in der Kleingruppe optimiert worden. Nun entstand eine Selektion auf Eigenschaften, die dieser archaischen Orientierung genau entgegenstehen.

Die Parameter kehrten sich um. Der Ellbogen wurde ausgefahren. Eine auf Konkurrenzkampf und Eigennutz ausgerichtete Psyche wurde zum Vorteil für das persönliche Wohlergehen, die eigene Fortpflanzung, das Überleben der eigenen Gene. Nicht mehr Kooperation ist jetzt das Credo der individuellen Psyche, vielmehr Konfrontation zur Durchsetzung der persönlichen Interessen. Heute gilt: Jeder und Jede muss letztlich alleine zurechtkommen - bestenfalls im Kontext des engeren Familienumfelds und selbst das ist zumindest in Nord- und Mitteleuropa weitgehend erodiert. Das Individuum muss durchsetzungsstark sein, sich verkaufen können, Konkurrenten ausstechen wollen und notfalls auch vor brutalen wie unfairen Mitteln nicht zurückschrecken.

Interessanterweise steht diese Anforderung an die persönliche Karriere in direktem Widerspruch zu den Anforderungen an die Gesellschaft als Ganzes. Hier gilt die quasi unbeschränkte Kooperation. Sie ist heute weltumspannend. Jeder Mensch ist mit jedem vernetzt - unabhängig vom persönlichen Willen. Wir sollen uns in einer Sprache - meist Englisch - mit jedem Menschen unterhalten können, keine ethnischen Vorurteile hegen, kooperativ sein. Unsere Psyche trifft auf den Widerspruch zwischen einer immer intensiveren Vernetzung untereinander bei einem gleichzeitig immer intensiver in Individualität gefangenen persönlichen Leben.

Persönliche Verantwortung für die Gemeinschaft übernehmen, eine kritische Stimme erheben, gegen Missstände aufbegehren, sind Eigenschaften, die in unserer Phase der Evolution herausselektiert werden. Abducken, Anpassen, persönliche Vorteilnahme auf Kosten des Nachbarn, Kollegen, des Fremden, des Untergebenen wurden und werden belohnt. Blockwartmentalität ist ein ständiger Begleiter der modernen Sozialität. Mit solchen Qualitäten kann man sich innerhalb dieser Gesellschaft erfolgreich etablieren, eigenen Nachwuchs in die Welt setzen, dessen Erziehung nachhaltig begleiten. Die kritischen Geister konnten dies über viele Generationen hinweg rein statistisch gesehen sehr viel weniger. Wenn heute die 62 reichsten Exemplare des Homo sapiens die Hälfte des Weltvermögens besitzen und damit so viel wie der Rest von 8 Milliarden Menschen, so ist dies das messbare Resultat dieses seit 10.000 Jahren andauernden Prozesses der Entsolidarisierung.

Selbst in den ganz kurzen Zeiten erfolgreicher Aufstände gegen bestehende Regime allzu brutaler Unterdrückung hatten diejenigen eine höhere Überlebenschance, die sich abgeduckt hielten, in der zweiten Reihe abwarteten, sich erst dann auf die richtige Seite stellten, wenn der Sieger bereits feststand. Der evolutionäre Vorteil steht auf der Seite der Menschen, die im Strom der Zeit lediglich mitschwimmen. Das haben wir im Deutschland des 20. Jahrhunderts gleich mehrfach erlebt. Sämtliche Diktaturen aller Couleur haben kritische Geister mit allen Mitteln drangsaliert. Mindestens wurde die berufliche Entwicklung behindert oder verhindert, nicht selten das Leben genommen. Das heißt ganz praktisch, dass sich seit Generationen diejenigen erfolgreicher etablieren, durchsetzen und vermehren können, deren Psyche angepasst ist an Strukturen der Unterdrückung und Entfremdung von der Natur.

Menschen, die aktiv Widerstand leisten, waren und sind diejenigen, die einen hohen Zoll, nicht selten Blutzoll zahlen müssen. Sie hatten oft genug noch nicht einmal die Chance, eine Familie zu gründen. Die Geschwister Hans und Sophie Scholl stehen für mich hier als Fanal. Die Siege in Widerstandskämpfen, Befreiungskriegen, Revolutionen bezahlten deren Akteure allzu oft mit ihrem Leben. Die Anpasser waren die eigentlichen Profiteure. Es ist eine Lehre der modernen Geschichte, dass die Mutigen und Kritischen in der gesellschaftlichen Selektion und evolutionären Reproduktion schlecht wegkommen. Mitlaufen und Abducken eröffnet dagegen eine wesentlich effektivere Chance für die Verbreitung der eigene Gene. Diese Strukturen des Lebens mit der Unterdrückung innerhalb der Spezies Mensch sind unmittelbar verbunden mit jenen zur Ausbeutung der Tiere wie der Natur. Das wurde im Clan der Jäger und Sammler genau umgekehrt gehandhabt. Und das leben uns Wölfe noch heute vor.

Wolfsanführer leben die Verantwortung für ihr Rudel

In einem wild lebenden Wolfsrudel können wir diese archaische Lebensphilosophie noch heute live beobachten. Fast immer führt ein Pärchen das Rudel. Das wiederum setzt sich überwiegend aus Mitgliedern der Großfamilie zusammen. Die Anführer, das Alpha-Pärchen, treffen alle wichtigen Entscheidungen, etwa, wann zur Jagd aufgebrochen oder ein anderer Rendezvous-Platz aufgesucht wird. Kleinere Entscheidungen überlassen sie gerne den jüngeren. Es ist eine Legende, dass so genannte Alpha-Wölfe immer zuerst fressen. Die Alphas fressen keineswegs immer zuerst. Sie tragen aktiv Verantwortung für das Wohl des ganzen Rudels. In Kapitel 2 habe ich die Legende der Schwarzfußindianer erzählt. Sie ist eine Hommage an die Solidarität der Wölfe. Wölfe sorgen für kranke Mitglieder ihres Rudels, bringen ihnen Nahrung, beschützen sie. Ein Wolfsrudel ist nach der Grundregel aufgebaut: *„Wer Rechte hat, hat auch Pflichten - wer Pflichten hat, hat auch Rechte"*. So lauteten ebenfalls die Grundlagen des Zusammenlebens bei unseren altsteinzeitlichen Ahnen. Führung meinte Vorbild. Führung baute auf Anerkennung. Letztere fußte in den besonderen Leistungen für die Gemeinschaft - Kompetenz, Weisheit, soziales Verhalten. Vielleicht ist es unsere tief verankerte Sehnsucht nach einem solchen Stil des Zusammenhalts, solchen Methoden der Führung, die die Faszination des Wolfes und die emotionale Bindung an unseren Hund ausmachen. Die gelebte Sozialität der Wölfe und Hunde kommt unserem tief verankerten Verlangen nach sozialer Geborgenheit entgegen.

Unter uns Menschen hat sich die Verantwortlichkeit der Führung in ihr Gegenteil verkehrt. Spitzenmanager, die große Konzerne in den Ruin geführt und zig tausende von Arbeitsplätzen vernichtet haben, werden mit Millionen-Abfindungen belohnt. Banker, die dem Staat und damit der breiten Bevölkerung Milliarden an Hypotheken auflasten, werden mit Boni honoriert. Regierungen mit desolaten Bilanzen müssen schlimmstenfalls ihre Abwahl befürchten, um dann durch stattliche Pensionen lebenslang alimentiert zu werden. Mit der Schaffung des Beamtentums wurde die Entlassung handelnder Personen aus der persönlichen Verantwortung zu einem staatstragenden Prinzip. Persönliche Verantwortung trägt heute keine einzige Spitzenkraft mehr weder in Regierungen, noch Behörden, Justiz oder nicht-unternehmer geführten Konzernen.

Die dunkle Seite eines Glückshormons

Unsere gemeinsame Geschichte mit dem Hund und den weiteren tierischen Helfern und diese eher als politisch empfundenen Fragen der heutigen Gesellschaft haben in der Neurobiologie eine gemeinsame Grundlage. Das Geschehen ist tief im Verborgenen miteinander verknüpft. Es geht um Hormone, genauer Oxytocin.

Oxytocin wurde als das „*Kuschelhormon*" bekannt. Jedoch, es ist viel mehr als das. Dieses Hormon ist ein zentraler Akteur im Leben jedes Menschen. Dieser biochemische Bote stellt für alle Säugetiere über-lebenswichtige Informationen bereit. Eltern würden sich die Mühe mit der Aufzucht der Neugeborenen ersparen. Oxytocin sorgt dafür, dass wir mehrmals in der Nacht aufstehen, um das kreischende Baby liebevoll in den Schlaf zu wiegen. Oxytocin lässt uns diese Mühen locker tragen. Ohne dieses Hormon würden soziale Bande aufgelöst. Oxytocin war der hormonelle Kleber des unbedingten Zusammenhalts der Steinzeit-Clans. Oxytocin sicherte den Zusammenhalt der Klein-gruppe. Und es wirkt noch heute so. Ohne Oxytocin würde jede Gesellschaft zerfallen. Doch: Oxytocin lediglich als Kuschelhormon zu bezeichnen, wie es oft in den Medien kolportiert wird, ist nur die halbe Wahrheit. Denn Oxytocin hat eine ganz andere, dunkle Seite.

So wie es den Zusammenhalt der Kleingruppe stärkt, so trennt es diese von Außenstehenden. Man könnte es genauso gut statt als „*Kuschelhormon*" als „*Intoleranzhormon*" ansprechen. Bei Rassismus ist Oxytocin aktiv beteiligt, jedenfalls auf hormoneller Ebene. Fremde werden erst einmal kritisch bis ablehnend betrachtet. Was Oxytocin innerhalb der eigenen Gruppe sozial zusammenschweißt, grenzt es nach außen ab. Da fördert es sogar Konfrontation, Isolierung, Stigmatisierung, Rassismus. Das ist in den Genen der Wölfe wie denen der Menschen gleichermaßen verankert. Bei unseren Hunden ebenso und bei Pferden oder Rindern. Fremde Hunde im eigenen Revier werden als Eindringlinge qualifiziert, bestenfalls sehr distanziert begrüßt. Die eigene Familie, das eigene Revier wird verteidigt. Erst wenn Herrchen oder Frauchen durch ihr Verhalten signalisieren, dass der Besuch dazu gehört, entspannt sich die Lage. Da agieren und reagieren Hunde wie Menschen.

Die besondere Sozialität der Hunde

Die heute gewollten Everybodys Darling Typen unter unseren Begleithunden sind kaum je aggressiv. Sie fremdeln nur selten gegenüber Menschen. Mein Bulldog Willi war so ein Typ. Er freute sich über jeden Menschen. Er war bekennender Menschenfreund. Seine Freude entfaltete sich so überzeugend, dass sie ansteckend wirkte. Oft gingen die Leute in die Knie, um Willi mit offenen Armen zu begrüßen. Dann erwiderte Willi die freundliche Geste mit noch größerer Freundlichkeit. Sie drückte seine 25 kompakten Kilogramm mit solch massiver Energie Richtung Begrüßung, dass die Leute reihenweise ihr hockendes Gleichgewicht verloren und nach hinten umkippten. Diese Herzlichkeit unserer Mitbewohner mit Fell ist keine Ausnahme.

Hunde haben gegenüber Menschen die trennende Seite des Oxytocins überwunden. Alle Hunde lieben Menschen. Sie suchen von Geburt an die Sozialität der Menschen. Das Oxytocin hat an diesem Punkt die Artgrenze, das Fremdeln überwunden. Es befeuert ein tiefes Band zwischen diesen beiden evolutionär so weit entfernt stehenden Spezies. Dieses interspezifische Band ist Hunden in die Gene gelegt. Hierzu brauchen sie keine spezielle Sozialisierung innerhalb der ersten Lebenstage wie es beispielsweise bei Hauskatzen auf dem Bauernhof nötig ist. Werden die gerade geborenen Welpen von der Mutter versteckt in einer Scheune aufgezogen und haben sie in den ersten 6

Wochen kaum Kontakt zu Menschen, behalten sie ihr Leben lang eine gewisse Scheu - selbst wenn sie zahm geworden sind und in einer Familie leben.

Der Mensch hat bei Hunden einen genetisch verankerten Vertrauensvorschuss. Das gilt sogar für Straßenhunde. Indische Wissenschaftler haben den Test gemacht. In der Stadt Mohanpur in West-Bengalen stellten sie 103 erwachsene Straßenhunde vor die Wahl: Futter oder Streicheln. Eine klare Entscheidung. Die breite Mehrheit der Hunde entschied sich für eine Runde streicheln. Das ist schon erstaunlich, sind Straßenhunde doch ständig auf der Suche nach Fressbaren. Hunger ist ihr täglicher Begleiter. Sie haben nur selten zweibeinige Dosenöffner. Noch erstaunlicher ist: Es waren wild fremde Menschen, deren Streicheleinheiten sie bevorzugten. Gerade dieses aktive Verlangen nach Bindung zu Menschen, und das sogar noch über fremde Individuen bereitgestellt, ist einzigartig in der Natur. Hier zeigt sich das, was ich eingangs als einmalig in der Welt der Tiere, der menschlichen wie nicht-menschlichen, bezeichnet habe. Es gibt viele Tierarten, die enge emotionale Bindungen zu Menschen eingehen können und umgekehrt Menschen zu Tieren. Doch sind diese das Produkt eines intensiven persönlichen Kennenlernens, eines individuellen Vertrauensverhältnisses. Hunde schenken uns dieses Vertrauen, ohne dass wir uns darum bemühen müssen. So bleiben Hunde nicht selten sogar ihrem Halter treu, der sie schlägt und misshandelt.

Heute kennzeichnen Wissenschaftler Hunde als besonders sozial, sogar als hypersozial. Hierfür liegen inzwischen handfeste naturwissenschaftliche Belege vor. In den Genen haben sich die Bereiche, die für das Sozialverhalten zuständig sind, gegenüber dem Stammvater Wolf signifikant geändert. Die gemeinsame Evolution mit dem Menschen, spiegelt sich in den Veränderungen des Genoms wider. Hunde haben genetisch die Schranken der Kleingruppe durchbrochen.

Es geht um einen speziellen Teil des Erbguts. Die Genorte um den Bereich 7q11.2, die hier verantwortlich zeichnen, zeigen ein erstaunliches Phänomen. Es sind dieselben Bereiche, die beim Menschen in die Grundzüge des Sozialverhaltens eingreifen.

Die Veränderungen liegen exakt dort, wo beim Menschen Handikaps im Sozialverhalten auftauchen. Autismus zum Beispiel. Autismus ist durch Probleme der Psyche gekennzeichnet, sozialen Kontakt zu anderen Menschen aufzunehmen. Das seltene Williams-Beuren-Syndrom zeigt den genau gegenteiligen Effekt, nämlich Hypersozialität. Diese Menschen haben besondere Probleme sich abzugrenzen, fühlen sich nur in intensiven sozialen Umfeld wohl. Für sie sind alle Freunde auch Fremde. Bei diesen beiden Handikaps der Psyche können die Wissenschaftler deutliche Veränderungen exakt in dem oben genannten Bereich nachweisen. Bei dem einen Handikap zeigen sich zu wenige Kopien eines bestimmten genetischen Codes, bei dem anderen zu viele. Und genau in diesem Bereich des Genoms zeigen sich beim Hund deutliche Veränderungen gegenüber dem Wolf. Diese Veränderungen beim Hund zeigen eine eindeutige Tendenz. Sie gehen in dieselbe Richtung wie beim menschlichen Williams-Beuren-Syndrom. Was beim Menschen dann als Handikap bewertet wird, ist beim Hund zu einem herausstechenden Markenzeichen seines Wesens geworden: Hypersozialität. Das nennen wir dann „den besten Freund".

Wir haben alle Voraussetzungen als Menschheit in Frieden und Freundschaft verbunden zu leben, ja die wissenschaftliche, technische, wirtschaftliche Vernetzung fordert dieses Denken und Fühlen geradezu heraus. Es ist allein unsere Entscheidung, welchen Weg wir gehen wollen. Unser Kleingruppenerbe und unsere globale Vernetzung sind kein unlösbares Dilemma. Wir haben einen Verstand. Wir sind nicht Gefangene unserer Hormonfunktionen oder unseres evolutionären Erbes. Nur bedarf es bewusster Anstrengungen, deren Hypotheken genau da zu überwinden, wo es uns wichtig ist. Die

Mechanismen, die vor gut 30.000 Jahren zur Einbindung einer fremden Spezies in unsere Sozialität führten, können uns den Weg zu dieser Zukunft öffnen: Zu mehr Offenheit, zu mehr Toleranz zu einer neuen Gemeinschaft mit nicht-menschlichen Tieren, eingebunden im Schoß der Natur; über die bewusste Gemeinschaft mit den Tieren zu einer tieferen Gemeinschaft der Menschen untereinander.

18 Tieren danken

Wir dünken uns als die alleinigen Helden der Geschichte. Die wirklich großen, ja entscheidenden Leistungen der Hunde, Pferde, Katzen werden ignoriert. Es täte uns nur gut, sie anzuerkennen. Wir haben eine gemeinsame Vergangenheit und nur eine Zukunft: Gemeinsam!

Aus Sicht der Evolution schreibt unserer Spezies eine einzige Erfolgsgeschichte. Keine andere Spezies hat den Planeten, den wir Erde nennen, jemals so dominiert wie der Mensch. Dieser Erfolg ist hart erkämpft. Er kam nicht per Ausharren in einer warmen Höhle. Wir haben Entdeckergeist, sind kreativ und innovativ. Wir wissen uns durchzusetzen. Wenn es drauf ankommt, sind wir auch rücksichtslos, ja brutal. Homo sapiens kam einst als Flüchtling aus Afrika und eroberte den ganzen Rest der Erde.

Unser Erfolg basiert jedoch nicht primär auf Aggression und Rücksichtslosigkeit. Im Gegenteil. Homo sapiens schuf einen neuen Typus des Invasoren. Er schuf den Typus des smarten Eroberers. Dessen Erfolg basierte auf intelligenten Trümpfen. Homo sapiens war neugierig, mutig, flexibel. Er war vor allem in der Lage, von anderen zu lernen. Er integrierte seine direkten Konkurrenten im Überlebenskampf: den Wolf und den Neandertaler. Davon zeugen der Hund als *bester Freund* und bis zu 5% Neandertalergene in unserem Erbgut. Homo sapiens wusste, seine Konkurrenten zu integrieren und deren Kompetenzen zu den seinen werden zu lassen. Er sucht die Kommunikation mit ihnen. Ihre kulturelle und soziale Entwicklungsfähigkeit machte unsere Vorfahren erst stark. Vielleicht sind das genau die Eigenschaften, die uns von anderen Menschenarten unterscheiden.

Die sind längst ausgestorben. Die Variante Sapiens ist dagegen binnen weniger tausend Jahren zum unumstrittenen Herrscher auf diesem Planeten aufgestiegen.

40.000 Jahre Ausbeutung der Natur

Es stimmt sogar, wenn sich unsere Spezies gerne als die Größten dünkt. Zumindest am evolutionären Erfolg gemessen. Haben wir deshalb wahre Größe? Die Erfolge der Menschheit bauen seit 40.000 Jahren auf der Ausbeutung der Natur um uns herum. Bereits in der Altsteinzeit kam es zum Raubbau an den Beständen des Wollhaarmammuts - über zehntausende Jahre unser Hauptnahungsgrundlage. Damals kaum sichtbar, heute ist dieser Raubbau belegt. Langsam aber stetig hatte sich die Schlinge um dieses imposante Tier zugezogen. Schließlich waren die Bestände so geschwächt, dass die Riesen den Klimawandel nur noch auf der abgeschiedenen Wrangel-Insel im Arktischen Ozean überlebten - für ein paar tausend Jahre. Bereits in vorgeschichtlicher Zeit wurden weite Wälder rund um das Mittelmeer gerodet. Römer und Griechen gaben ihnen den Rest. Sie verschwanden für immer. Wie auch der Auerochse, der wilde Vorfahre des Rindes. Oder der Wolf in weiten Teilen Europas. Raubbau an der Natur ist die Begleiterscheinung des evolutionären Erfolgs der Menschheit. Heute haben wir diese zweifelhafte Kunst zur höchsten Blüte gebracht. Verbunden mit der Kunst des Vergessens, des Wegschauens.

Wie sonst sollte uns Menschen verborgen geblieben sein, dass wir immer treue Helfer hatten? Nicht nur einen Helfer und nicht nur für einige Zeit. Nein, ununterbrochen in diesen 40.000 Jahren, Tag für Tag, Nacht für Nacht. Mit diesen Helfern wurde gearbeitet, gelebt, man schlief unter einer Decke. Helfer, die den Überlebenskampf zu unseren Gunsten entschieden. Über viele Generationen hinweg dankten wir es ihnen schon mal. Auch das haben wir vergessen spätestens seit dem

Mittelalter. Wolf, Hund, Katze zählten einst zum Kreis der Gottheiten, die wohlwollend ihre schützende Hand über das Schicksal unserer Vorfahren hielten. Sie wurden verehrt. Unsere Vorfahren zollten ihnen Respekt, fühlten sich eins mit ihnen. Die Bedeutung des Pferdes ist nicht übersehbar. Man kann sie bestenfalls ignorieren.

Die Gefährten der Menschheit

Es sind all diese, unsere vierbeinigen Begleiter, denen dieses Buch gewidmet ist. Soweit ich weiß ist es das erste Mal, dass die Leistung der Tiere für unsere Evolution umfassend gewürdigt wird. Dabei liegt es eigentlich auf der Hand. Wir müssen nicht einmal ganz weit zurückschauen. Noch vor weniger als 150 Jahren funktionierten alle modernen Gesellschaften nur auf den Schultern unserer vierbeinigen Gefährten. Wahre Größe erkennt die Leistungen des Anderen an. Sie respektiert Partner, schafft damit die Grundlage für Freundschaften. Freundschaften, die das Anderssein des Anderen nicht nur tolerieren vielmehr anerkennen, als Bereicherung aufnehmen. Freundschaften auf Augenhöhe. Wir hatten und haben solche Freunde. Ihre Leistungen nicht anzuerkennen, sie schlicht zu vergessen, werte ich als einen weiteren, sehr lebendigen Ausdruck unserer alten Tradition, die Natur rücksichtslos auszubeuten. Ich habe ein paar Leistungen unserer Gefährten aufgezeigt:

Wie lernten Menschen, das Mammut zu jagen?

Die Kaltsteppen der Eiszeit betrat Homo sapiens als invasive Art. Er war kein Großwildjäger. Er kam als Greenhorn. Neandertaler wie Wolf waren in diesem Biotop seit mehr als 100.000 Jahren etabliert. Die Jagd auf das riesige, intelligente Mammut lernten sie schnell. Sie lernten vom Wolf. Mit ihm formten sie ein unschlagbares Team. So begann vor 40.000 Jahren die Epoche der Kulturen der Mammutjäger. Und die des Hundes. Eine neue Spezies, Homo sapiens, hatte sich binnen kürzester Frist an die Spitze der Nahrungskette gesetzt. Sie jagten und lebten seither mit dem Wolf, der auf dem Weg zum Hund war.

Wer beschützte unsere Lagerfeuer?

Als Team waren Mensch und Hund unschlagbar. Der Mensch mit seiner Intelligenz, seinem Feuer, seinen Waffen. Der Hund mit seinen scharfen Sinnen, seiner Kampfkraft. Da traute sich kein Säbelzahntiger heran. Die Menschen konnten besser schlafen und entspannen, Stress abbauen. Das spendete Kraft für neue Taten: kreative, innovative, soziale.

Wer zog den Schlitten über das Eis?

Bereits vor 15.000 Jahren zogen Hunde die Schlitten der Paläo-Eskimos über den Schnee. Im Sommer wurden Zugstangen und Packtaschen auf dem Rücken der Hunde eingesetzt. Die ganze Infrastruktur der Eiszeit baute auf den Hund als Zugtier samt GPS, Navi und Gefahrendetektor. Es gelang erst mit Hilfe der Hunde, die Bering-Straße zu überqueren und Amerika zu besiedeln.

Wer hütete die ersten Viehherden?

Eine epochale Zäsur: der Übergang vom Jäger und Sammler zum Viehzüchter und Ackerbauern. Die Neolithische Revolution schuf die Grundlage aller modernen Zivilisationen. Hunde machten es möglich. Sie waren unverzichtbar im Management der ersten Viehherden der Menschheit. Diese wiederum schufen freie Flächen für den Ackerbau.

Wer beschützte die Ernten der Ackerbauer?

Selbst die beste Ernte nutzt nichts, wenn sie im Speicher von Mäusen gefressen wird. Hier leistete die Katze entscheidende Hilfe. Nicht umsonst wurde sie im alten Ägypten als Göttin verehrt. Ohne Katze, Ochse, Pferd hätte es den Siegeszug der Landwirtschaft nie gegeben. Ackerbau wäre ein Randthema zum Bierbrauen geblieben. Städte hätten keine Nahrungsgrundlage gehabt.

Wer bewachte den Besitz?

Besitz ist die Instanz, auf der alle modernen Gesellschaften gründen. Besitz bringt nur dann Vorteil, wenn er vor fremdem Zugriff beschützt werden kann. Das besorgte und besorgt der Hund höchst effektiv. Deshalb hieß es im alten Rom „*Cave Canem!*"

Wer zog den Pflug und den Wagen?

Mit Ochse und Pferd vor dem Pflug blühte die Landwirtschaft auf. Metallerzeugung ohne tierische Helfer war bis in die Neuzeit kaum denkbar. Sie halfen im Bergbau, beim Verhütten der Erze, in den Schmieden. Erst durch sie konnten größere Lasten über Land transportiert werden. Fortschritt braucht Austausch - nicht nur beim Metall.

Wer trieb die Pumpen an?

Ob zur Bewässerung der Äcker, ob zum Entwässern der Gruben oder Belüften der Schächte – über Jahrtausende spendeten Tiere einen Großteil der Motorenkraft für den Antrieb der Volkswirtschaften. Die Pferdestärke (PS) wurde zur physikalischen Einheit der Leistung.

Wer bot fast unbegrenzte Mobilität?

Die Domestikation des Pferdes leitete eine Revolution der Infrastruktur ein. Mobilität wurde neu definiert. Informationen konnten viel schneller und weiter ausgetauscht werden. Pferde wirkten als Katalysator einer vernetzten Menschheit mit Blick über den Horizont hinaus. Kriege wurden seither auf dem Rücken der Pferde entschieden und mit ihnen der Verlauf der Geschichte. Nichts war mehr wie es einst war.

Ohne die Hilfe dieser Tiere hätte es Homo sapiens nicht geschafft, aus der Steinzeit hervorzutreten. Ja, er hätte möglicherweise nicht einmal das Potenzial entwickelt, in der Eiszeit zu überleben. Der alteingesessene Neandertaler hätte dem ungebetenen Eindringling keinen Platz gelassen. Homo sapiens hätte sich aus den Kaltsteppen trollen müssen, hätte er sich die Jagd auf das Mammut nicht vom Wolf abgeschaut. Selbst wenn sich Homo sapiens irgendwie gegen den Neandertaler hätte durchsetzen können, selbst wenn er die Eiszeit überlebt hätte - wo stünde er heute ohne die Geschenke von Hund, Pferd, Katze? Er wäre nach der hier vorgelegten Bilanz mit einiger Sicherheit auf der Stufe der Jäger und Sammler geblieben. In der Steinzeit.

Die Basis unserer Zivilisation

Es kommt noch ein Geschenk der Tiere obendrauf. Das wichtigste.

Hominiden lebten seit Homo erectus und Lucy über 3,2 Millionen Jahre hinweg in kleinen, auf der Familie basierenden Gruppen. So auch die Eroberer der eiszeitlichen Kaltsteppen. Das Schicksal bescherte ihnen ein kleines Wunder. Den Wolf. Das Wunder war nicht der Wolf an sich wie ebenso wenig der Mensch an sich. Vielmehr deren

Verbindung. Erstmals in der langen Evolution der Hominiden wurde der Horizont einer blutsverwandten Kleingruppe durchbrochen. Die Menschen öffneten sich für Fremde. Fremde wurden zu selbstverständlichen Mitgliedern des Clans. Und das waren nicht einmal Fremde der eigenen Art. Es waren Vertreter einer anderen, nicht verwandten Spezies, Vertreter direkter Konkurrenten. Sie müssen ihre Andersartigkeit gegenseitig respektieren und tolerieren, sie mussten miteinander kommunizieren, einander vertrauen, sich mögen. Zwei Spezies lebten fortan zusammen, aufs Engste verbunden im Überlebenskampf.

Damit hatte sich die Sozialstruktur der Menschheit erstmals geöffnet. Sie emanzipierte sich aus den Schranken der Familie. Das hatte eine andere Qualität als die Aufnahme einer einzelnen fremden Frau oder eines fremden Mannes in die Gruppe. Sowas geschah seit Urzeiten, um Inzucht zu vermeiden. Die familienbasierte Abgeschlossenheit blieb davon unberührt. Die Fremden assimilierten sich binnen Jahren. Der Wolf integrierte sich als Hund in die Sozialstruktur des Menschen. Er erkannte deren Regeln und Gewohnheiten an. Doch er blieb eine andere Spezies bis heute. Diese beiden Spezies blieben von daher fremd - über 100 Millionen Jahre Evolution getrennt. Trotzdem wurde dieser Fremde ein Mitglied des Clans. Er wurde als Artfremder integraler Bestandteil der menschlichen Sozialstruktur und umgekehrt wohl noch mehr. Ein Novum der Biologie und ein Meilenstein der Menschheitsgeschichte. Beide, Wolf wie Mensch, mussten sich in diesem Prozess verändern. Das betraf zuvorderst die Psyche.

Manche kennen es selbst, wie aufregend der Moment ist, wenn ein neuer Welpe ins Haus kommt. Damals muss es noch aufregender gewesen sein. Der Wolf war immerhin ein wilder, stattlicher Beutegreifer. Und doch hatte dieses Bündnis eine entspannende Wirkung. Das Gefühl der neuen Gemeinschaft, der neuen Stärke, der neuen Geborgenheit ließ die Stressachse beider Spezies sinken. Oben habe ich die unmittelbaren, materiellen Vorteile dieser Kooperation beim Jagen, Beschützen, Transportieren aufgelistet. Das Wichtigste zeigt sich erst beim genaueren Hinschauen: Weniger Stress meint mehr Kreativität, mehr soziale Offenheit, bessere Gesundheit. Das gemeinsam Aufwachsen, das zusammen Spielen, das Zusammenleben, die kollektive Jagd schufen Bedürfnis und Fähigkeit zur Kommunikation. Es war die Kommunikation mit einer anderen Ausdrucksweise mit einem anderen Verhaltenskodex, mit einer anderen Sprache, der der Anderen. Sprachwissenschaftler wie Antonio Benitez Burraco gehen davon aus, dass diese Herausforderung das Entstehen der modernen Sprache zumindest förderte.

Menschen wie Wölfe, die nun schon Hunde geworden waren, wurden sozial offener. Sie wurden freundlicher. Die Schnauze des Hundes verkürzte sich, das Gesicht des Menschen wurde flacher und zarter. Wir wurden weiblicher. Die Veränderungen in den Knochen sind nur das späte - für uns heute sichtbare - Ergebnis dieses langen Prozesses psychischer und sozialer Veränderungen. Man nennt es die Selbstdomestikation des Menschen. Mit ihr geht die aktive soziale Domestikation des Hundes einher. Es sind zwei eng verzahnte Prozesse.

Damals wurde genau mit diesen Veränderungen unserer Psyche der Grundstock für den Aufbau der modernen Gesellschaften gelegt. Aus einer auf die Großfamilie beschränkten Sozialstruktur entstand eine Gesellschaft, die heute die ganze Menschheit rund um den Globus vernetzt. Das wollte erst einmal gelernt sein. Noch heute bereitet uns das archaische Erbe einer kleinkarierten Denkweise zuweilen Probleme. Ohne einen Prozess der Emanzipation aus dieser Einschränkung, der exakt in dem Zeitraum begann, als das Bündnis mit dem Wolf geschlossen wurde, wäre die Menschheit nicht in der Lage gewesen, soziale Strukturen über den Horizont der vertrauten Gruppe hinaus zu bilden. Doch wir schafften es. Nun begannen die Menschen, sich immer breiter zu vernetzten. Das Fundament der großen Zivilisationen wurde gelegt.

Paradies auf Erden

Die heutige Menschheit betreibt einen Raubbau an der Natur, wie noch nie ein Lebewesen zuvor. Milliarden Tiere leiden darunter. Sie leiden täglich, wir wissen es. Zugleich gab es noch nie soviele Tiere, namentlich Katzen, Hunde, Pferde, die als persönliche Begleiter zum Mittelpunkt unseres Lebens zählen. Deren einzige Aufgabe es ist, unsere Seele zu streicheln. Wir sind zerrissen in diesen Konflikten zwischen Verbundenheit und Ausbeutung der Tiere und spüren das auch. Wie damals tut noch heute die Nähe der Tiere gut. Sie wirkt beruhigend, senkt wie damals unser Stressniveau, entschleunigt uns.

Mit unserem heutigen, vernetzten Wissen, mit unserem Potenzial einer erdumspannenden Planung und Produktion könnten wir die Einheit zur Natur auf einem höheren Niveau wiederbeleben. Die frühen Jäger und Sammler, die in Harmonie mit der Natur lebten, waren ihr zugleich erbarmungslos ausgeliefert. Auch heute sind wir der Natur ausgeliefert wenn die Folgen unseres Raubbaus auf uns selbst zurückschlagen. Wir haben den Raubbau an der Natur jedoch nicht nötig. Wir bräuchten keine Unterjochung der Tiere, um uns zu ernähren und glücklich zu sein. Wir bräuchten keine Abholzung der Wälder. Wir bräuchten keine Emissionen, die Klimawandel hervorrufen und befördern. Wir bräuchten keine Verseuchung der Meere mit unserem Plastikmüll. Wir müssen nicht am eigenen Ast sägen, um zu überleben. Wir könnten in Einklang mit der natürlichen Umwelt leben ohne deren Unbillen ausgeliefert zu sein.

Es wäre das Paradies auf Erden. Allerdings: Dieses Paradies wäre unteilbar. Es könnte nur eines sein, wenn es für alle Tiere, menschliche wie nicht-menschliche ein Paradies darstellen würde. Ein erster Schritt in diese Zukunft wäre die Anerkennung der tragenden Rolle der Tiere im Aufbau unserer Zivilisation. Dank wäre ein guter Start auf diesem Weg.

Danken tut gut

Dank drückt ein Gefühl aus. Dank drückt Anerkennung für empfangene Zuwendung aus. Dank ist freiwillig. Dank zeigt Verbundenheit. Dank schafft Verbundenheit. Es ist ein befreiendes Gefühl, wenn eine Leistung nicht nur gegen Entgelt abgerechnet, vielmehr mit Dank vergolten wird. Dank tut auch dem Dankenden gut. Und wir haben den Tieren viel zu verdanken. Es täte unserer Psyche nur allzu gut, dies auch zu tun. Damit erden wir uns in Mutter Natur. Mit der Anerkennung der Leistung der Tiere gehen wir einen Schritt in Richtung Frieden mit der Natur.

In der Psyche des modernen Menschen müsste sich allerdings einiges bewegen. Zunächst müssten wir vom Thron steigen, der uns als gotterwählten Herrscher inszeniert. Scheinbar ein Schritt nach unten, so wäre es einer, der uns in eine lebenswerte Zukunft führt. Die Macht des Menschen ist der der anderen Tieren weit überlegen. Jedoch ist sie immer noch allzu bescheiden. Es drückt nur die Überschätzung der eigenen Bedeutung aus, wenn wir heute davon reden, die Erde retten zu wollen. Was Menschen versuchen können, ist schlicht die Rettung ihrer eigenen Spezies. Es geht um die eigene Haut. Es geht um das Existenzrecht auf einer Erde, die derzeit besser ohne uns zurechtkäme. Das Verständnis des Menschen als Retter der Erde ist selbstherrlich, hochstaplerisch und dumm. Es drückt die Sicht auf die Erde in der Viehhalter-Denkweise aus. Die heutigen Menschen gebärden sich als die Viehhalter der Erde und behandeln sie mit derselben Denkweise, wie sie ihr Vieh behandeln, als Ware ohne Respekt. Die Erde wird sich allerdings nicht domestizieren lassen. Sie lässt sich nicht am Nasenring zum Schlachthof führen. Wir brauchen die Erde, die Natur. Die Erde und die Natur brauchen uns nicht.

Mit einer Denkweise, die Myriaden gefühlsintensiver Mitlebewesen in Massentierhaltungen als Vieh vegetieren lässt, wird sich die Rettung der Menschheit nicht anstellen lassen. Auf Grundlage einer solchen Missachtung von Leben wird sie keine lebenswerte und auch keine lange Zukunft haben. Mahatma Gandhi brachte es in seinem bekannten Ausspruch auf den Punkt: *„Die Größe und den moralischen Fortschritt einer Nation kann man daran messen, wie sie ihre Tiere behandeln.“*

Wohin gehen wir?

Tiere verzeihen viel. Tiere haben kein boshaftes Wesen. Noch ignoriert die heutige Menschheit diese Vernetzung ihres Schicksals - für die Vergangenheit wie für die Zukunft. Von Wertschätzung oder gar Dankbarkeit für Verdienste von Hund, Katze, Pferd & Co. sind wir weit entfernt. Unsere Tiere haben jedoch immer noch genug Potenzial, uns Menschen aus dieser Krise der Evolution ein weiteres Mal herauszuhelfen. Sie führen uns zu unseren Wurzeln. Sie zeigen uns, woher wir kommen. Sie geben der Menschheit Zeichen, wohin sie gehen sollte. Wir müssen nur hinhören, ihre Zeichen aufnehmen. Tiere schenken uns ihre Liebe. Sie akzeptieren uns so wie wir sind. Wer tut das sonst? Wir müssen lediglich vom selbstgeschaffenen Thron der Erhebung über die Natur herabsteigen. Der Gewinn ist viel größer.

Wir haben hier dargelegt, wieviel wir unseren nicht-menschlichen Gefährten zu verdanken haben. Tiere schenken uns immer noch ihre Liebe ohne Bedingung und ohne Vorbehalt. Wir gewinnen den Schatz der Harmonie mit der Natur, der unsere Psyche im Schoße ihrer Geborgenheit entspannen lässt. Die Chance ist da. Wir haben wenig zu verlieren, aber viel zu gewinnen.

Tiere stärken unsere soziale Seite, heilen die zerrissene Psyche des modernen Menschen. Ich habe gezeigt, dass Tiere und der wertschätzende, respektvolle Umgang mit ihnen zur menschlichen Identität zählen wie unsere Kinder und unsere Eltern ebenso. Hund, Katze, Pferd sind elementare Kettenglieder unserer evolutionären Familie. Sie sind aktiver Teil der eigenen Geschichte. Sie haben uns ein Stück weit geformt wie auch wir sie geformt haben. Wir brechen uns keinen Zacken aus der Krone, wenn wir die Bedeutung unserer vierbeinigen Gefährten für die Evolution der Menschheit anerkennen. Ihnen danken. Es ist sicher gewöhnungsbedürftig, Tieren eine solch bedeutsame Rolle zuzugestehen. Aber es wird keine Zukunft geben, ohne an alten Dogmen zu rütteln. Auch die Erde war einmal eine Scheibe und die Sonne stand im Mittelpunkt der Welt. Selbst die Akteure unserer Geschichtsschreibung ändern sich. Für nur eine Generation vor uns waren es noch männliche Helden, die die Geschichte schrieben.

Mit dem hier dargelegten, neuen Blick in die Vergangenheit eröffnen wir uns, unseren Kindern und unseren nicht-menschlichen Gefährten eine lebenswerte Zukunft. Diese ist unteilbar wie die Vergangenheit.

Wir haben nur eine Zukunft: gemeinsam.

9 783753 405339